高职高专"十二五"规划教材

数字电子技术（项目化教程）

毕秀梅　　主　编

李成家　杜永峰　副主编

化学工业出版社

·北京·

本书以实际项目内容为载体，涵盖了数字电子技术的主要内容。全书设计了七个基本项目，三个综合项目。每个项目都是实际设计完成的一个小电子产品。7个基本教学项目是：项目1，三人表决器电路的设计与制作；项目2，编码、译码、显示电路的设计与制作；项目3，抢答器的设计与制作；项目4，计数分频器电路的设计与制作；项目5，流水灯控制电路的设计与制作；项目6，直流数字电压表的制作；项目7，VHDL实现全加器及计数器。综合项目有：数字电子钟的设计与装调、电子秒表的设计与制作、温度检测电路的设计与装调。每一项目配有相关内容的技能训练、项目设计与制作及适量的练习题。读者在项目的学习中体验真实、完整的实际工作任务，充分体现了基于工作过程的教、学、做一体化的全新教学理念。

本书可作为高职院校电类各专业的教材，也可作为相关专业学生的自学参考书和培训教材。

图书在版编目（CIP）数据

数字电子技术（项目化教程）/毕秀梅主编 . —北京：
化学工业出版社，2014.8（2019.9重印）
高职高专"十二五"规划教材
ISBN 978-7-122-20886-6

Ⅰ.①数… Ⅱ.①毕… Ⅲ.①数字电路-电子技术-
高等职业教育-教材 Ⅳ.①TN79

中国版本图书馆 CIP 数据核字（2014）第 122041 号

责任编辑：王听讲　　　　　文字编辑：云　雷
责任校对：宋　玮　　　　　装帧设计：韩　飞

出版发行：化学工业出版社（北京市东城区青年湖南街 13 号　邮政编码 100011）
印　　装：三河市延风印装有限公司
787mm×1092mm　1/16　印张 13　字数 333 千字　2019 年 9 月北京第 1 版第 2 次印刷

购书咨询：010-64518888　　　　　售后服务：010-64518899
网　　址：http://www.cip.com.cn
凡购买本书，如有缺损质量问题，本社销售中心负责调换。

定　　价：28.00 元

前　言

为了适应"项目导向、任务驱动、教学做一体化"的高职高专教学模式，本书以项目为单元，以应用为主线，将理论知识融入到实际项目中，学生通过完成基本项目，将提高对数字电子技术基本知识的理解能力，能运用每个项目中所学到的基本知识，完成小型数字电路的设计与制作；学生通过完成综合项目，提高对数字电子技术综合知识的理解能力，能运用基本项目中所学到的综合知识，完成综合性的数字应用电路的设计与制作；包括查阅资料、确定电路设计方案、计算与选择元器件参数、安装与调试电路，能使用相关仪器进行指标测试和编写实训报告。

本书在力求基础知识够用、基本概念清晰的基础上，注重集成电路以及常用器件引脚、功能的介绍及其在电路中的应用，在编写中着重于任务驱动，教学做一体化。与传统的数字电路教材相比，本书特色如下。

(1) 本书在编写过程中既注重项目中所蕴含的知识，又注重知识的连续性，在内容安排上，除了包含有数字电子的基本内容的前六个项目外，还增加了利用 VHDL 语言完成的项目 7；同时为了提高学生综合运用知识的能力，还增加了三个综合项目。

(2) 本书在基础项目的编写安排上采用学习目标、相关知识讲解、知识梳理与总结及练习题四个环节。在综合项目的编写安排上，采用实操训练的方式，淡化理论，强化实际运用相关知识的操作训练。

(3) 在基础知识的讲解上，以"必需"和"够用"为原则。对于电子器件着重介绍其外部引脚和主要功能及其实际应用；对分立元件组成的电路尽可能简明扼要，明确分立元件的实际应用；对常用的集成电路主要介绍最新器件的型号、特点和典型应用。对于电路分析与设计采用引导、启发、实操相结合，真正意义上达到理、实一体的融合。

(4) 项目 1～项目 7 每个项目中包含两到三个实操训练和项目制作，使学生所学的知识有了用武之地，增加同学们学习数字电子的信心，每个实操任务明确，逻辑清晰，有利于提高学生实际动手操作能力。

(5) 本书的附录 A 给出了常用器件的引脚；附录 B 给出了国产集成电路命名方法、分类方法及器件介绍、4000 系列集成电路速查表，方便学生查阅。

我们将为使用本书的教师免费提供电子教案等教学资源，需要者可以到化学工业出版社教学资源网站 http://www.cipedu.com.cn 免费下载使用。

本书由辽宁机电职业技术学院毕秀梅教授任主编，辽宁机电职业技术学院李成家、广东海洋大学寸金学院杜永峰担任副主编，湖南理工职业技术学院曾小波、山东电子职业技术学院张胜平和辽宁机电职业技术学院的杨雪、刘立军也参加了本书的编写工作。毕秀梅制定编写大纲，对本书进行统稿，并且编写项目 1～项目 3 及附录；李成家编写项目 4 及项目 5；杜永峰编写项目 6 及综合项目 3；杨雪编写项目 7；曾小波编写综合项目 1，张胜平编写综合项目 2。

尽管我们在数字电子技术基础教学中做了大胆探索，也积累了许多经验，但由于编者水平所限，加之时间仓促，书中不妥之处在所难免，敬请兄弟院校的师生和广大读者给予批评指正。

编　者

2014 年 6 月

目　录

项目1 三人表决器电路的设计与制作

【项目目标】

学生学完该项目，就会清楚数字信号用"0"或"1"表示。熟悉进制、转换及编码；逻辑函数的表达方法及相互转换。为了保证设计的逻辑电路尽可能简单、可靠，就必须对逻辑函数进行化简，掌握化简的方法：公式法、卡诺图法。

【知识目标】

① 了解数字信号及数字电路，了解数字电路的分类。

② 了解数字系统中的计数体制，熟悉二进制、十进制、十六进制的表示方法，掌握进制之间的相互转换。

③ 了解 BCD 编码，能把 BCD8421 码转换成十进制数。

④ 熟悉逻辑变量的概念和基本的逻辑运算关系，掌握基本的逻辑门电路及常用的逻辑门电路。能根据门电路写出逻辑表达式，列出真值表。

⑤ 了解半导体开关器件的特性，了解二极管、三极管构成的基本逻辑门电路。

⑥ 掌握逻辑代数中的基本定律和规则，会利用公式法、卡诺图法对函数进行化简。

【能力目标】

① 学生能将进制进行转换，同时能将 8421BCD 码与十进制间进行转换。

② 能进行逻辑函数之间的相互转换。

③ 能根据要求画出门电路符号、写出表达式、总结逻辑功能。

④ 能将逻辑函数进行公式法化简。

⑤ 能将逻辑函数进行卡诺图法化简。

1.1 数字电路基本概念

【学习目标】

① 学习数字信号及数字电路，了解数字电路的分类。

② 了解 SSI、MSI、LSI、VLSI、ULSI、GLSI 在数字电路中各代表什么意义。

1.1.1 数字信号和数字电路

数字信号、数字电路与模拟信号、模拟电路的概念如表 1-1 所示。

表 1-1 数字信号、数字电路与模拟信号、模拟电路

模 拟 信 号	模 拟 电 路	数 字 信 号	数 字 电 路
在时间上和数值上连续的信号，如图 1-1(a)	传输、处理模拟信号的电路	在时间上和数值上不连续的（即离散的）信号。通常用 0 和 1 表示两种对应的状态。如图 1-1(b)	用数字信号完成对数字量进行算术运算和逻辑运算的电路,简单说就是传输、处理数字信号的电路

模拟信号如图 1-1(a) 所示，数字信号如图 1-1(b) 所示。

数字信号只要求分辨两种状态：高电平和低电平。对应表示逻辑 1 和逻辑 0。

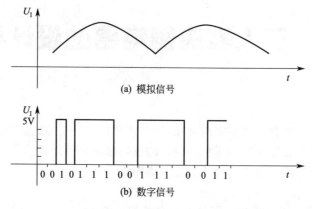

图 1-1　模拟信号与数字信号

1.1.2　数字电路的分类

1）根据电路的功能来分类

数字电路可分为组合逻辑电路和时序逻辑电路两大类。

2）按构成电路的半导体器件来分类

数字电路可分为双极型（TTL 型）和单极型（CMOS 型）两大类。

TTL（Transistor-Transistor-Logic）电路是晶体管-晶体管逻辑电路的英文缩写，是数字集成电路的一大门类。它采用双极型工艺制造，具有高速度和品种多等特点。

CMOS（Complementary Metal Oxide Semiconductor）互补金属氧化物半导体，是电压控制的一种放大器件，是组成 CMOS 数字集成电路的基本单元。

3）按电路结构来分类

数字电路可分为分立电路和集成电路 IC（Integrated Circuit）两种类型。分立电路是指将电阻、电容、晶体管等分立器件用导线在电路板上逐个连接起来的电路，从外观上可以看到一个一个的电子元器件。

集成电路则是用特殊的半导体制造工艺将许多微小的电子元器件集中做在一块硅片上而成为一个不可分割的整体电路（集成芯片），从外观上看不到任何元器件，只能看到一个一个的引脚。通常把一个芯片封装内含有等效元器件个数（或逻辑门的个数）定义为集成度。

4）按集成电路的集成度进行分类

数字电路可分为小规模集成数字电路 Small Scale Integrated circuits（SSI）、中规模集成数字电路 Medium Scale Integrated circuits（MSI）、大规模集成数字电路 Large Scale Integrated circuits（LSI）和超大规模集成数字电路 Very Large Scale Integrated circuits（VLSI）、特大规模集成电路 Ultra Large Scale Integrated circuits（ULSI）、巨大规模集成电路 Gigantic Scale Integration circuits（GLSI）。数字集成电路分类如表 1-2 所示。

表 1-2　数字集成电路分类

IC 的分类（按照集成度） IC 规模的划分及应用	SSI	MSI	LSI	VLSI	ULSI	GLSI
芯片所含元件数	<102	102～103	103～105	105～107	107～109	>109
芯片所含门电路数	<10	10～102	102～104	104～106	106～108	>108

续表

IC的分类(按照集成度) IC 规模的划分及应用	SSI	MSI	LSI	VLSI	ULSI	GLSI
应用	逻辑门电路集成触发器逻辑单元电路	编码器、译码器、计数器、寄存器、数据选择器、加法器、转换器等逻辑器件	中央控制器、1KB 动态随机存储器、各种接口电路等数字逻辑系统	各种型号的单片机、存储器和 8086 微处理器等高集成度的数字系统	16M 动态随机存储器(3500 万个晶体管)、64 位通用处理器(近 5700 万只晶体管)	1GB RAM、SoC(System On Chip)即片上系统,指的是将处理器、存储控制器、图像处理器等集成到一个硅片上

1.1.3　数字电路的特点

① 易于集成。

② 数字电路的抗干扰能力较强。

③ 保密性好,数字信息容易进行加密处理,不易被窃取。

④ 数字信息便于长期保存。

⑤ 数字集成电路的产品系列多、通用性强、成本低。

1.1.4　数字电路的应用

数字电路用于数字测量系统、数字通信系统、数字控制系统以及数字计算机等,广泛应用于自动控制、仪表、电视、雷达、通信、电子计算机、核物理、航天等各个领域。数字电视已经进入千家万户,它是一个从节目采集、节目制作、节目传输直到用户端都以数字方式处理信号的端到端的系统,该系统所有信号传播均采用 0、1 信号串的数字流。在电子计算机中,数字电路可以通过电子控制开关来实现使用二进制数的算术运算和逻辑运算。

1.2　数制与编码

【学习目标】

① 了解数字系统中的计数体制;熟悉二进制、十进制、十六进制的表示方法。

② 掌握二进制、十进制、十六进制间的相互转换。

③ 熟悉 8421BCD 编码,了解其他 BCD 编码,能把 8421BCD 码转换成十进制数。

1.2.1　数制

(1) 进制:数码从低位向高位的进位规则称为进制。常用的进制有十进制、二进制、十六进制和八进制。十进制是逢十进一,十六进制是逢十六进一,二进制就是逢二进一。人们日常习惯用十进制数;但计算机只认识二进制数。

(2) 数码:十进制数码为 0~9;二进制数码为 0、1;十六进制数码为 0~F。

(3) 位权(位的权数):在某一进制数中,每一位的大小都对应着该位上的数码乘上一个固定的数,这个固定的数就是这一位的权数。如十进制数的位权为:以 10 为底的幂;二进制数的位权为:以 2 为底的幂;十六进制数的位权为:以 16 为底的幂。幂到底是几,取决于这位后面的位数。

【例 1-1】

(1) 将 198 这个十进制数按权展开。

$$(198)_{10} = 1 \times 10^2 + 9 \times 10^1 + 8 \times 10^0$$

(2) 将 1001101 这个十进制数按权展开。

$$(1001101)_2 = 1 \times 2^6 + 1 \times 2^3 + 1 \times 2^2 + 1 \times 2^0$$

(3) 将 FF 这个十六进制数按权展开。

$$(FF)_{16} = 1 \times 16^1 + 1 \times 16^0$$

1.2.2 数制之间的相互转换

1) 二进制转换成十进制

方法：按权展开，二进制数的权是以 2 为底的幂。如 1001 这个四位二进制数，最高位的 1 后面有三位数，这位的权为 2^3，最低位的 1 后面有 0 位，这位的权就为 2^0，$(1001)_2 = 1 \times 2^3 + 1 \times 2^0 = 9$。

【例 1-2】 $(1100100)_2 = 1 \times 2^6 + 1 \times 2^5 + 1 \times 2^2$

2) 十进制转换成二进制

方法一：整数部分采用除二取余数法，最早得出的余数是二进制的最低位，最后得出的余数是二进制的最高位。小数部分采用"乘 2 取整法"，即乘 2 取整，最早得到的整数是最高位，依次类推排序。

【例 1-3】

	余数				取整	
2│30	…0	低		$0.125 \times 2 = 0.25$	……0	高位
2│15	…1	位		$0.25 \times 2 = 0.5$	……0	
2│7	…1	↑				↓
2│3	…1	高		$0.5 \times 2 = 1.0$	……1	
2│1	…1	位				低位
0						

结果为：$(30)_{10} = (11110)_2$

$(30.125)_{10} = (11110.001)_2$

方法二：将该数化成 2 的 n 次方相加，将 n 写在相应的位。没有 n 的位填 0。

(1) $(30)_{10} = 16 + 8 + 4 + 2 = 1 \times 2^4 + 1 \times 2^3 + 1 \times 2^2 + 1 \times 2^1$

(2) $(30.125)_{10} = 16 + 8 + 4 + 2 + 0.125 = 1 \times 2^4 + 1 \times 2^3 + 1 \times 2^2 + 1 \times 2^1 + 2^{-3}$

3) 十六进制转换成二进制

将每一位十六进制数用四位二进制数来表示。当二进制的最高位是零时，零可以省掉。

【例 1-4】

(1) $(3F.D)_{16} = (00111111.1101)_2 = (111111.1101)_2$

(2) $(5D.7)_{16} = (01011101.0111)_2 = (1011101.0111)_2$

4) 二进制转换成十六进制

整数从二进制数的最低位开始向高位，将每四位二进制数翻译成一位十六进制数。最高位如果不够四位，可以填 0 顶位。小数从二进制数的最高位开始向低位，将每四位二进制数翻译成一位十六进制数。

【例 1-5】

$$(00111111.1101)_2 = (3F.D)_{16}$$

1.2.3　编码

用数字、文字、图形、符号等代码来表示某一特定对象的过程，叫编码。数字系统中常用的编码有两类，一类是二进制编码，另一类是十进制编码。计算机只能识别二进制数，人们习惯使用十进制数，就需要将十进制数转换为二进制数。BCD（Binary-Coded Decimal）码是二进制编码的十进制数或二-十进制代码。BCD 是一种二进制的数字编码形式，将十进制代码用二进制编码表示。这种编码形式利用了四位二进制来储存一位十进制的数码，使二进制和十进制之间的转换得以快捷的进行。

BCD 码大致可以分成有权码和无权码两种：有权 BCD 码，如：8421（最常用）、2421、5421；无权 BCD 码，如：余 3 码、格雷码。

格雷码属于可靠性编码，是一种错误最小化的编码方式，因为，自然二进制码可以直接由数/模转换器转换成模拟信号，但某些情况，例如从十进制的 3 转换成 4 时二进制码的每一位都要变，使数字电路产生很大的尖峰电流脉冲。而格雷码则没有这一缺点，它是一种数字排序系统，其中所有相邻整数在它们的数字表示中只有一个数字不同。它在任意两个相邻的数之间转换时，只有一个数位发生变化。它大大地减少了由一个状态到下一个状态时逻辑的混淆。另外由于最大数与最小数之间也仅有一个数不同，故通常又叫格雷反射码或循环码。常用的 BCD 编码表如表 1-3 所示。

表 1-3　常用的 BCD 编码表

十进制数	8421 码	5421 码	2421 码	余 3 码	格雷码
0	0000	0000	0000	0011	0000
1	0001	0001	0001	0100	0001
2	0010	0010	0010	0101	0011
3	0011	0011	0011	0110	0010
4	0100	0100	0100	0111	0110
5	0101	1000	1011	1000	0111
6	0110	1001	1100	1001	0101
7	0111	1010	1101	1010	0100
8	1000	1011	1110	1011	1100
9	1001	1100	1111	1100	1101
权	8421	5421	2421	无权	无权

BCD 中 8421 码最常用。每位十进制代码用 8421 编码的四位二进制代码来表示。

【例 1-6】

（1）$(68)_{10} = (0110\ 1000)_{8421\,BCD}$

（2）$(3479.38)_{10} = (0011\ 0100\ 0111\ 1001.0011\ 1000)_{8421\,BCD}$

（3）$(902.45)_{10} = (1001\ 0000\ 0010.0100\ 0101)_{8421\,BCD}$

若要知道 BCD 码代表的十进制数，只要 BCD 码以小数点为起点向左、右每四位分成一组，再写出每一组代码代表的十进制数，并保持原排序即可。

如：$(0011\ 0100\ 0111.1001)_{8421\,BCD} = (347.9)_{10}$

1.3 逻辑函数与逻辑门电路

【学习目标】

① 通过普通函数引入逻辑函数，让学生掌握逻辑函数与普通函数的区别。

② 掌握基本逻辑关系及实现基本逻辑关系的逻辑符号、逻辑真值表。掌握基本逻辑运算规则。

③ 了解由基本逻辑门电路派生出的其他逻辑门电路。

④ 熟练掌握常用的逻辑电路的逻辑符号、逻辑表达式、逻辑真值表几种表示方法。

1.3.1 概述

所谓逻辑就是输入、输出之间变化的因果关系。

逻辑函数与普通函数相比，都用字母 A、B、C、……X 表示变量，L、Y、Z 等来表示函数。但在逻辑函数中的变量和函数，要么是"0"，要么是"1"。"0"和"1"并不表示具体的数量大小，而是表示两种相互对立的逻辑状态。例如，可以用"1"表示开关接通，用"0"表示开关的断开；用"1"表示灯亮，用"0"表示灯暗；用"1"表示高电平，用"0"表示低电平等，这与普通代数有着截然的不同。

基本逻辑关系有与、或、非。实现基本逻辑关系的基本逻辑电路有与门、或门、非门；还有一些常用的门电路有与非门、或非门、与或非门、异或门、同或门、OC 门、三态门等。

1.3.2 "逻辑与"和"与逻辑"符号

只有条件同时满足时，结果才发生。这种因果关系叫做"逻辑与"，或者叫"逻辑乘"。如图 1-2(a) 所示，只有当两个开关同时闭合时，指示灯才会亮，Y 等于 A、B 相与（或相乘）。与逻辑符号如图 1-2(b) 所示。与逻辑真值如表 1-4 所示。实现逻辑与的电路叫"与门"。

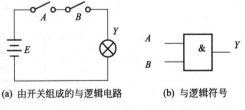

(a) 由开关组成的与逻辑电路　　(b) 与逻辑符号

图 1-2　与逻辑电路及符号

表 1-4　与逻辑真值表

A	B	Y
0	0	0
0	1	0
1	0	0
1	1	1

"逻辑与"也叫逻辑乘，用"·"表示。

与运算的运算规则：

$$1 \cdot 1 = 1, \ 1 \cdot 0 = 0$$
$$0 \cdot 1 = 0, \ 0 \cdot 0 = 0$$

1.3.3 "逻辑或"、"或逻辑"符号和或运算

只要有任意一个开关闭合，指示灯就亮；只要条件之一满足时，结果就发生，这种因果关系叫做逻辑或。如图 1-3(a) 所示 Y 等于 A、B 相或与（或相加）。或逻辑符号如图 1-3(b) 所示。或逻辑真值如表 1-5 所示。实现逻辑或的电路叫"或门"。

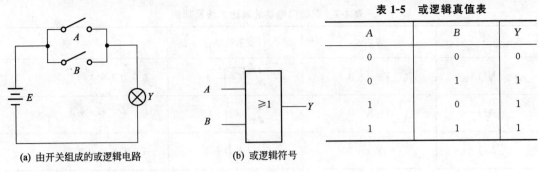

表 1-5　或逻辑真值表

A	B	Y
0	0	0
0	1	1
1	0	1
1	1	1

(a) 由开关组成的或逻辑电路　　　(b) 或逻辑符号

图 1-3　或逻辑电路与符号

"逻辑或"也叫逻辑加，用"＋"表示。

或运算的运算规则：

$$0+0=0 \qquad 1+0=1$$
$$0+1=1 \qquad 1+1=1$$

1.3.4 "逻辑非"和"非逻辑"符号

当开关 A 闭合时，灯 Y 熄灭；当开关 A 断开时，灯 Y 点亮。

决定某事件的条件只有一个，当条件出现时，事件不发生，而条件不出现时，事件才发生，这种因果关系叫做非逻辑。由开关组成的非逻辑电路如图 1-4(a) 所示，非逻辑符号如图 1-4(b) 所示，非逻辑真值如表 1-6 所示。Y 等于 A 的非或称 A 的反。

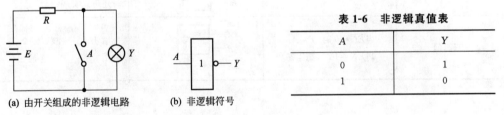

表 1-6　非逻辑真值表

A	Y
0	1
1	0

(a) 由开关组成的非逻辑电路　　(b) 非逻辑符号

图 1-4　非逻辑电路与符号

"逻辑非"也叫逻辑反，用"‾"表示或运算的运算规则：$\overline{0}=1$；$\overline{1}=0$

1.3.5 常用逻辑门电路

用以实现基本和常用逻辑运算的电子电路，简称门电路。所谓门就是一种开关，它能按照一定的条件去控制信号的通过或不通过。门电路的输入和输出之间存在一定的逻辑关系（因果关系），所以门电路又称为逻辑门电路。

基本逻辑电路有与门、或门、非门；还有一些常用的门电路有与非门、或非门、与或非门、异或门、同或门、OC 门、三态门等。

（1）三种基本的逻辑门：与门、或门、非门。

与门：实现与逻辑关系的电路称为与门。表达式为：$Y=A \cdot B$

或门：实现或逻辑关系的电路称为或门。表达式为：$Y=A+B$

非门：实现非逻辑关系的电路称为非门。表达式为：$Y=\overline{A}$

（2）其它常用的逻辑门有：与非门、或非门、与或非门、异或门、同或门、OC 门、三态门等。逻辑门电路的表达方法及功能如表 1-7 所示。

表 1-7　逻辑门电路的表达方法及功能

表达方法 逻辑门电路	表达式	逻辑符号	功　能
与门	$Y=A \cdot B$	$\begin{array}{c}A\\B\end{array}$ —&— Y	有 0 为 0，全 1 为 1
或门	$Y=A+B$	$\begin{array}{c}A\\B\end{array}$ —≥1— Y	有 1 为 1，全 0 为 0
非门	$Y=\overline{A}$	A —1○— Y	有 0 为 1，由 1 为 0
与非门	$Y=\overline{AB}$	$\begin{array}{c}A\\B\end{array}$ —&○— Y	有 0 为 1，全 1 为 0
或非门	$Y=\overline{A+B}$	$\begin{array}{c}A\\B\end{array}$ —≥1○— Y	有 1 为 0，全 0 为 1
与或非门	$Y=\overline{AB+CD}$	$\begin{array}{c}A\\B\\C\\D\end{array}$ &≥1○— Y	A、B 全为 1，或者 C、D 全为 1，结果为 0。否则结果为 1
异或	$Y=\overline{A}B+A\overline{B}=A\oplus B$	$\begin{array}{c}A\\B\end{array}$ —=1— Y	相异为 1，相同为 0
同或门	$Y=\overline{A}\,\overline{B}+AB=A\odot B$	$\begin{array}{c}A\\B\end{array}$ —=— Y	相同为 1，相异为 0。 异或＝同或的非， 同或＝异或的非
OC 门	$Y=\overline{AB}$	$\begin{array}{c}A\\B\end{array}$ —&◇○— Y	可以满足与非门的逻辑功能，同时还可以实现线与
三态门	当 $\overline{EN}=0$ 时，$Y=\overline{AB}$ 当 $\overline{EN}=1$ 时，高阻态	$\begin{array}{c}A\\B\\\overline{EN}\end{array}$ —&▽○— Y	输出有三种状态，0 态、1 态、高阻态

1.4　门　电　路

门电路分类：

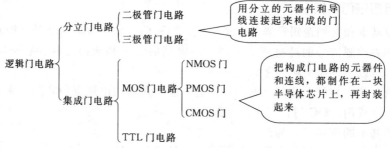

【学习目标】

① 了解数字电子电路中使用的二极管、三极管、场效应管等电子控制的开关，工作条件。

② 了解分立元件门电路及集成门电路，熟悉常用的集成逻辑门电路的使用。

③ 了解 TTL 型集成门电路的结构、原理，掌握其特性及输入、输出高低电平。

④ 了解 CMOS 型集成门电路的结构、原理及其特性。

1.4.1　二极管、三极管、场效应管的开关特性

1）二极管的开关特性

一个理想二极管相当于一个理想的开关，如图 1-5 所示。当二极管两端的正向电压大于 0 时，相当于二极管导通；当极管两端的正向电压小于 0 时，相当于二极管截止。二极管导通时相当于开关闭合，即短路，不管流过其中的电流是多少，它两端的电压总是 0V；二极管截止时相当于开关断开，即断路；状态的转换能在瞬间完成。

当然，实际上并不存在理想的二极管。下面以硅二极管为例，分析一下实际二极管的开关特性。根据二极管的伏安特性曲线，当二极管两端的正向电压大于等于 0.7V 时，相当于二极管导通；当二极管导通时，就近似认为二极管电压保持为 0.7V 不变，如同一个具有 0.7V 电压降的闭合开关。当二极管两端的正向电压小于 0.5V 时，相当于二极管截止。而且一旦截止，如同断开的开关，如图 1-6 所示。

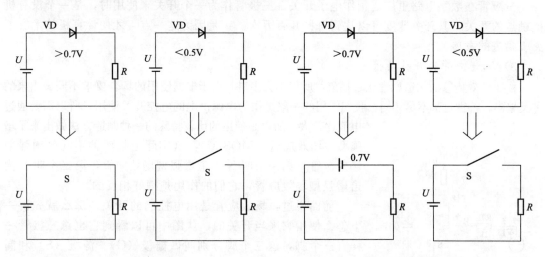

图 1-5　理想二极管的开关电路　　　　图 1-6　实际二极管的开关电路

2）三极管的开关特性

从三极管的输出特性曲线可以看出，三极管有三个工作区：放大区、饱和区、截止区，如图 1-7(a) 所示。在放大电路中的三极管工作在放大区。在数字电路中，三极管不是工作在饱和区，就是工作在截止区，这相当于电路开关的通和断。

(1) 截止区——开关断开

三极管工作于截止区的条件是：发射结、集电结均处于反向偏置状态。截止态如同断路，就像开关断开一样。如图 1-7(b) 所示。

(2) 饱和区——开关接通

三极管处于饱和导通状态的特征是发射结、集电结均处于正向偏置。理想的三极管 C、E 间的电压为 0V，相当于开关接通。理想的三极管的开关电路如图 1-8 所示。

实际的三极管只有零点几伏（C、E 间的电

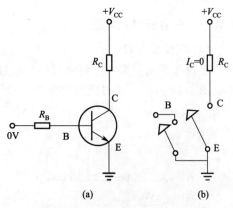

图 1-7　三极管截止态如同断路

压：硅管为 0.3V，锗管 0.1V），饱和态如同通路，就像开关接通一样。实际三极管的开关电路如图 1-9 所示（以硅管为例）。

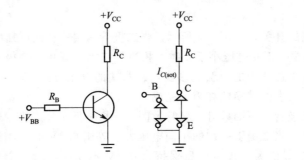

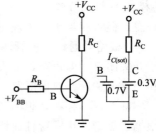

图 1-8　理想三极管的开关电路　　　　图 1-9　实际三极管的开关电路

三极管在数字电路里广泛用作电子开关。三极管作为一个开关来使用时，是一个没有机械触点的开关，其开关速度可以达到每秒几百万次。正是因为这一点，才使计算机技术有了突飞猛进的发展。

3）场效应管的开关特性

由于场效应管的构造原理比较抽象，所以不去多讲，由于根据使用的场合要求不同做出来的种类繁多，特性也都不尽相同；我们常用的一般是作为电源供电的电控开关使用，所以需要通过电流比较大，所以是使用的比较特殊的一种制造方法做出来了增强型的场效应管（MOS 型），这实际上是两种不同的增强型场效应管，第一个叫 N 沟道增强型场效应管，第二个叫 P 沟道增强型场效应管，它们的作用是刚好相反的。

前面说过，场效应管是用电控制的开关，那么就先讲一下怎么使用它来当开关的，从图中可以看到它也像三极管一样有三个脚，这三个脚分别叫做栅极（G）、源极（S）和漏极（D）。N 沟道的，在栅极（G）加上电压，源极（S）和漏极（D）就通电了，去掉电压就关断了。而 P 沟道的刚好相反，在栅极（G）加上电压就关断（高电位），去掉电压

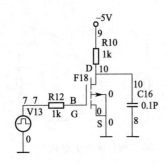

图 1-10　P 沟道 MOS 管开关电路

（低电位）就相通了。

在电源开机电路中经常遇到的就是 P 沟道 MOS 管。它的开关电路图如图 1-10 所示。

1.4.2　分立元件门电路

1）二极管与门

实现与逻辑关系的电路叫与门。通过二极管实现的与门称作二极管与门。二极管与门电路如图 1-11 所示。其对应的逻辑符号如图 1-12 所示。

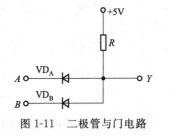

图 1-11　二极管与门电路

图 1-12　与门逻辑符号

分析图 1-11 得到的输入与输出的关系如表 1-8 所示。将表 1-8 转换成高、低电平形式，得到表 1-9 与逻辑关系。

表 1-8　输入与输出之间的关系表			表 1-9　与逻辑真值表		
A(V)	B(V)	Y(V)	A(V)	B(V)	Y(V)
0	0	0.7	0	0	0
0	5	0.7	0	1	0
5	0	0.7	1	0	0
5	5	5	1	1	1

2）二极管或门

实现或逻辑关系的电路叫与门。通过二极管实现的或门称作二极管或门。二极管或门电路如图 1-13 所示。其对应的逻辑符号如图 1-14 所示。

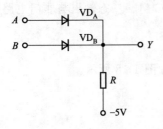

图 1-13　二极管或门电路

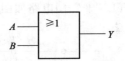

图 1-14　或门逻辑符号

分析图 1-13 得到的输入与输出的关系如表 1-10 所示。将表 1-10 转换成高、低电平形式，得到表 1-11 或逻辑关系。

表 1-10　输入与输出之间的关系表			表 1-11　或逻辑真值表		
A(V)	B(V)	Y(V)	A(V)	B(V)	Y(V)
0	0	5	0	0	1
0	5	5	0	1	1
5	0	5	1	0	1
5	5	0.7	1	1	0

3）三极管非门

实现非逻辑关系的电路叫非门。通过三极管实现的非门称作三极管非门。三极管非门电路如图 1-15 所示。其对应的逻辑符号如图 1-16 所示。

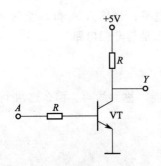

图 1-15　三极管非门电路

图 1-16　非门逻辑符号

11

分析图 1-15 得到的输入与输出的关系如表 1-12 所示。将表 1-12 转换成高、低电平形式，得到表 1-13 非逻辑关系。

表 1-12 输入与输出之间的关系表	
$A(V)$	$Y(V)$
0	5
5	0.7

表 1-13 非逻辑真值表	
$A(V)$	$Y(V)$
0	1
1	0

1.4.3 集成逻辑门电路

1.4.3.1 TTL 集成电路

TTL（Transistor-Transistor Logic Gate）是晶体管-晶体管逻辑电路的简称。TTL 门电路是双极型集成电路，与分立元件相比，具有速度快、可靠性高和微型化等优点，目前分立元件电路已被集成电路替代。下面介绍 TTL "非"门、OC 门、三态输出与非门电路的工作原理及特性和参数。

1）TTL 与非门

（1）TTL "非" 门电路如图 1-17 所示。逻辑门电路如图 1-18 所示。

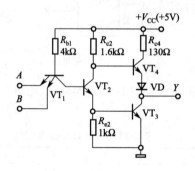

图 1-17 TTL "非" 门电路

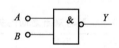

图 1-18 逻辑门电路

（2）工作原理

$A \cdot B$ 由多发射极三极管实现。

当 A 和 B 有一个为 0.2V 时，$V_{B1} = 0.9$V，

VT_2、VT_3 截止，VT_4 导通，$V_O = V_{OH} = 3.6$V

当 A 和 B 同为高电平时，$V_{B1} = 2.1$V，

VT_4 截止，VT_2 和 VT_3 导通，$V_O = V_{OL} = 0.3$V

可见 A 和 B 输入有一个为低电平，输出 Y 就为高电平；当输入 A 和 B 全为高电平时，输出 Y 才为低电平。该 TTL 门电路实现与非的逻辑关系是与非门电路。

2）集电极开路与非门（Open Collector，OC）

（1）问题的提出

工程中常常将两个门电路并联起来实现与的逻辑功能，称为线与。那么这两个逻辑门是否可以并联？如图 1-19 所示为两个逻辑门并联。

分析：

① 逻辑功能是否可以实现？

若 Y_1、Y_2 都为高电平，输出为高电平；若其中有一个为低电平，会将输出拉至低电平；若全为低电平，输出也为低电平。因此，从理论上可以实现与逻辑。

② 问题出现在什么地方？

当 Y_1、Y_2 中一个为低电平，一个为高电平时，会形成一个低阻通道，导致 VT_3 损坏，因此实际中无法实现与逻辑。

（2）问题的解决

将与非门集电极开路，称为集电极开路与非门（或 OC 门）。实际电路如图 1-20 所示。

出现问题：当输出为低电平时正常，但是如果输出应为高电平时，此时 VT_3 截止，无法输出高电平，因此在工作时，必须接入外接电阻和电源。

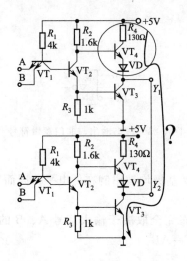
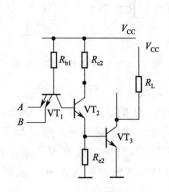

图 1-19　两个 TTL 与非门并联电路　　　　图 1-20　TTL 与非门集电极开路

（3）OC 门的符号如图 1-21 所示。

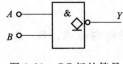

图 1-21　OC 门的符号

（4）OC 门实现的线与，如图 1-22、图 1-23 所示。

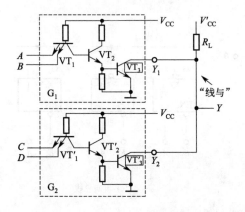
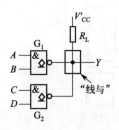

图 1-22　两个 OC 门实现的线与电路　　　　图 1-23　两个 OC 门实现的线与的逻辑符号

∵Y_1、Y_2 有一个低 Y 即为低，只有两者同高，Y 才为高

$$\therefore Y = Y_1 Y_2 = \overline{AB} \cdot \overline{CD} = \overline{AB + CD}$$

3）三态输出与非门（Three state Output Gate Logic，TSL）

（1）三态输出与非门电路图如图 1-24 所示。三态输出与非门逻辑电路符号如图 1-25 所示。

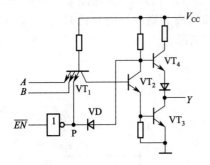

图 1-24　三态输出与非门电路　　　　　图 1-25　三态输出与非门逻辑符号

（2）功能分析

① $EN = 1$ 时，二极管 VD 导通，VT_1 基极和 VT_2 基极均被钳制在低电平，因而$VT_2 \sim VT_3$ 均截止，输出端开路，电路处于高阻状态。

② $EN = 0$ 时，二极管 VD 截止，TS 门的输出状态完全取决于输入信号 A、B 的状态，电路输出与输入的逻辑关系和一般逻辑门相同，即：$Y = \overline{AB}$。

结论：电路的输出有 0 态、1 态、高阻态 3 种状态。

（3）三态门的应用

① 用作多路开关：$E = 0$ 时，门 G_1 使能，G_2 禁止，$Y = A$；$E = 1$ 时，门 G_2 使能，G_1 禁止，$Y = B$。

如图 1-26（a）所示。

② 信号双向传输：$E = 0$ 时信号向右传送，$B = A$；$E = 1$ 时信号向左传送，$A = B$。如图 1-26（b）所示。

③ 构成数据总线：让各门的控制端轮流处于低电平，即任何时刻只让一个 TS 门处于工作状态，而其余 TS 门均处于高阻状态，这样总线就会轮流接受各 TS 门的输出。如图 1-26（c）所示。

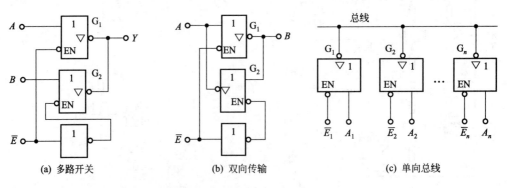

（a）多路开关　　　　　（b）双向传输　　　　　（c）单向总线

图 1-26　三态输出与非门的应用

4）TTL 门电路的外特性与参数（74 系列）

（1）电压传输特性

电压传输特性是门电路输出电压 U_O 随输入电压 U_I 变化的特性曲线。测试电压传输特性的电路如图 1-27 所示。电压传输特性如图 1-28 所示。

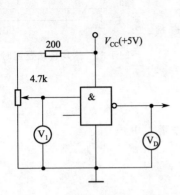

图 1-27 电压传输特性的电路

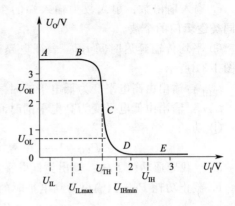

图 1-28 电压传输特性

电压传输特性曲线可以分为四段来分析。

AB 段：当输入电压 $U_I < 0.6V$ 时，U_O 为高电平 3.6V，此时与非门处于截止（关门）状态。

BC 段：当输入电压 $0.6V \leqslant U_I < 1.3V$ 之间变化时，从而使输出电压 U_O 随输入电压 U_I 的增加而线性下降，故称 BC 段为线性区。

CD 段：当输入电压 $1.3V < U_I < 1.4V$ 之间变化时，输出电压 U_O 随输入电压 U_I 的增加而迅速下降，并很快达到低电平 U_{OL}，即 $U_O = 0.3V$，所以 CD 段称为转折区。

DE 段：当输入电压 $U_I > 1.4V$ 时，U_O 为低电平 0.3V，此时与非门处于导通（开门）状态。

（2）集成门电路的参数

① TTL 器件输入、输出高低电平

a. 输出高电平 U_{OH} 和输出低电平 U_{OL}

输出高电平 U_{OH}：

典型值：3.6V $U_{OH}(min) = 2.4V$

输出低电平 U_{OL}：

典型值：0.3V $U_{OL}(max) = 0.4V$

b. 输入高电平 U_{IH} 和输入低电平 U_{IL}

$$U_{IH} \geqslant 2.0V, U_{IL} \leqslant 0.8V$$

② 输入和输出电流及扇入扇出数：

a. 输入低电平电流 I_{IL}：典型值 1.6mA，I_{IL} 如图 1-29 所示。

b. 输入高电平电流 I_{IH}：典型值 $40\mu A$，I_{IH} 如图 1-30 所示。

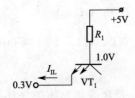

图 1-29 输入低电平电流 I_{IL}

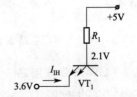

图 1-30 输入高电平电流 I_{IH}

c. 输出低电平电流 I_{OL}：典型值 16mA。

d. 输出高电平电流 I_{OH}：典型值 0.4mA。

e. 扇入扇出数：扇入数为输入端的个数；扇出数为驱动同类逻辑门的个数。

③ 平均传输延迟时间 t_{Pd}：表征电路开关速度的参数，如图 1-31 所示。

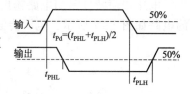

图 1-31 平均传输延迟时间 t_{Pd}

t_{PHL}：输出由高电平变为低电平的时间。

t_{PLH}：输出由低电平变为高电平的时间。

④ 功耗

$$P_{CC} = V_{CC}（电源电压）\times I_{CC}（电源总电流）$$

a. 空载导通功耗 P_{ON}：输出为低电平时的功耗。

b. 截止功耗 P_{OFF}：输出为高电平时的功耗。

$$P_{ON} > P_{OFF}$$

5）多余端的处理

（1）TTL 与门、与非门电路多余端的处理方法

① 将多余输入端接高电平，即通过限流电阻与电源相连接；如图 1-32(a) 所示。

② 当 TTL 门电路的工作速度不高，信号源驱动能力较强，多余输入端也可与使用的输入端并联使用；如图 1-32(b) 所示。

③ 根据 TTL 门电路的输入特性可知，当外接电阻为大电阻时，其输入电压为高电平，这样可以把多余的输入端悬空，此时输入端相当于外接高电平；如图 1-32(c) 所示。但在实际运行电路中，这样的电路抗干扰不强。

④ 通过大电阻（大于 1kΩ）到地，这也相当于输入端外接高电平；如图 1-32(d) 所示。

（2）TTL 或门、或非门多余端的处理方法

① 接地：如图 1-33 (a) 所示。

② 多余输入端也可与使用的输入端并联使用；如图 1-33(b) 所示。

③ 由 TTL 输入端的输入伏安特性可知，当输入端接小于 1kΩ 的电阻时输入端的电压很小，相当于接低电平，所以可以通过接小于 1kΩ（500Ω）的电阻到地。如图 1-33(c) 所示。

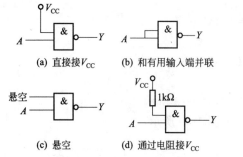

（a）直接接 V_{CC} （b）和有用输入端并联

（c）悬空 （d）通过电阻接 V_{CC}

图 1-32 TTL 与门、与非门电路多余端的处理

（a）接地 （b）和有用输入端并联

（c）通过电阻接地

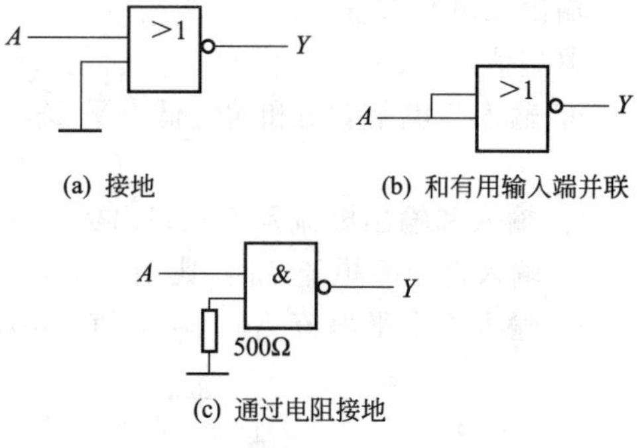

图 1-33 TTL 或门、或非门多余端的处理

1.4.3.2 CMOS 集成电路

CMOS（Complementary Metal-Oxide-Semiconductor）是金属氧化物半导体集成电路的简称。CMOS 门电路是由 N 沟道增强型 MOS 场效应管和 P 沟道增强型 MOS 场效应管构成

的一种互补对称型场效应管集成门电路。CMOS 电路是电压控制器件，CMOS 电路的优点是噪声容限较宽，静态功耗很小、集成度高。因此，近年来发展迅速，广泛应用于中、大规模数字集成电路中。

1）CMOS 与非门

（1）电路组成

图 1-34 所示为 CMOS 与非门电路。它由两个增强型 NMOS 管 VT_{N1} 和 VT_{N2} 串联，作为驱动管；两个增强型 PMOS 管 VT_{P1} 和 VT_{P2} 并联，作为负载管。VT_{N1}和 VT_{P1} 的栅极连接在一起作为输入端 A，VT_{N2} 和 VT_{P2} 的栅极连接在一起作为输入端 B。

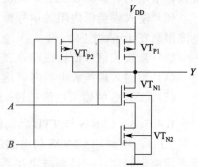

图 1-34　CMOS 与非门电路

（2）工作原理

当输入 $A=0$、$B=0$ 时，VT_{N1} 和 VT_{N2} 都截止，VT_{P1} 和 VT_{P2} 同时导通，输出 $Y=1$。

当输入 $A=0$、$B=1$ 时，VT_{N1} 截止，VT_{P1} 导通，输出 $Y=1$。

当输入 $A=1$、$B=0$ 时，VT_{N2} 截止，VT_{P2} 导通，输出 $Y=1$。

当输入 $A=1$、$B=1$ 时，VT_{N1} 和 VT_{N2} 同时导通，VT_{P1} 和 VT_{P2} 均截止，输出 $Y=0$。
由以上分析可知，电路实现了与非逻辑功能，其逻辑表达式为 $Y=\overline{A \cdot B}$。

（3）输入、输出电平

① 输出高电平 U_{OH} 和输出低电平 U_{OL}

$$U_{OH} \approx V_{CC},\ U_{OL} \approx GND$$

② 输入高电平 U_{IH} 和输入低电平 U_{IL}

$$U_{IH} \geqslant 0.7V_{CC},\ U_{IL} \leqslant 0.2V_{CC} \qquad （V_{CC}为电源电压，GND为地）$$

2）常用 CMOS 集成门

我国最常用的 CMOS 逻辑电路为 CC4000 系列，其工作电压范围为 $3 \sim 18V$。CC4000 系列与国际 CD4000 标准相同，只要后四位数字相同，均为相同功能、相同特性的器件。

（1）CMOS 或非门。CC4001 是一种常用的四-2 输入或非门，其引脚排列如图 1-35 所示，可互换型号有 CD4001、CT4001 等。

（2）CMOS 与非门。CC4011 是一种常用的四-2 输入与非门，采用 14 引脚双列直插塑料封装，其引脚排列如图 1-36 所示，可互换型号有 CD4011、CT4011 等。

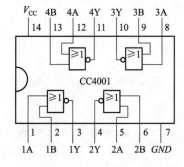

图 1-35　四-2 输入或非门

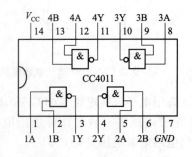

图 1-36　四-2 输入与非门

3）CMOS 电路的使用注意事项

（1）CMOS 电路是电压控制器件，它的输入阻抗很大，对干扰信号的捕捉能力很强。所以，不用的管脚不要悬空，要接上拉电阻或者下拉电阻，给它一个恒定的电平。

（2）输入端接低内阻的信号源时，要在输入端和信号源之间要串联限流电阻，使输入的电流限制在 1mA 之内。

（3）当接长信号传输线时，在 CMOS 电路端接匹配电阻。

（4）当输入端接大电容时，应该在输入端和电容间接保护电阻。

（5）CMOS 的输入电流超过 1mA，就有可能烧坏 CMOS。

1.4.3.3　CMOS 与 TTL 之间的相互连接

TTL 门电路和 CMOS 门电路的电压、电流参数各不相同。需要采用接口电路。一般需要考虑两个问题：一是要求电平匹配，即驱动门要为负载门提供符合标准的高电平和低电平。二是要求电流匹配，即驱动门要为负载门提供足够大的驱动电流。

1）TTL 门驱动 CMOS 门

（1）电平不匹配

TTL 门作为驱动门，它的 $U_{OH} \geqslant 2.4V$，$U_{OL} \leqslant 0.5V$；CMOS 门作为负载门，它的 $U_{IH} \geqslant 3.5V$，$U_{IL} \leqslant 1V$。

可见，TTL 门的 U_{OH} 不符合要求。

（2）电流匹配

CMOS 门电路输入电流几乎为零，所以电流不存在问题。

（3）解决电平匹配问题

① 外接上拉电阻 R_P

当电源电压相同时，在 TTL 门电路的输出端外接一个上拉电阻 R_P，使 TTL 门电路的 $U_{OH} \approx 5V$，如图 1-37 所示。

当电源不同时，利用集电极开路的 TTL 门电路可以方便灵活地实现 TTL 与 CMOS 集成电路的连接，其电路如图 1-38 所示。图 1-38 中的 R_P 是 TTL 集电极开路门（即 OC 门）的负载电阻，一般取值为几百欧到几兆欧。R_P 取较大值便于减小集电极开路门的功耗，但在一定程度上影响电路的工作速度。一般情况下，R_P 可取值 $220k\Omega$；中速、高速工作场合取 $20k\Omega$ 以下较为合适。

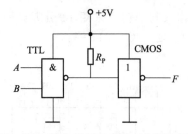

图 1-37　TTL 驱动 CMOS 电路（电源电压相同）

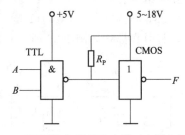

图 1-38　TTL 驱动 CMOS 电路（电源电压不同）

② 选用电平转换电路（如 CC40109）

若电源电压不一致时，可选用电平转换电路。CMOS 门电路电源电压可选 $3 \sim 18V$，TTL 门电路电源电压只能是 5V。

（4）采用 TTL 的 OC 门实现电平转换

若电源电压不一致时，也可选用 TTL 的 OC 门实现电平转换。

2）CMOS 门驱动 TTL 门

（1）电平匹配

CMOS 门作为驱动门，它的 $U_{OH}\approx5V$，$U_{OL}\approx0V$；

TTL 门作为负载门，它的 $U_{OH}\geq2.0V$，$U_{IL}\leq0.8V$。

可见，电平匹配符合要求。

（2）电流匹配

CMOS 门电路 4000 系列最大允许灌电流为 0.4mA，TTL 门电路的 $I_{IS}=1.4mA$，所以 CMOS4000 系列驱动电流不足。

（3）解决电流匹配问题

① 选用 CMOS 缓冲器。比如 CC4009（六反相缓冲器）的驱动电流可达 4mA。

② 选用高速 CMOS 系列产品。选用 CMOS 的 54HC/74HC 系列产品可以直接驱动 TTL 电路 CMOS 电路常用的是 4000 系列和 54HC/74HC 系列产品，后几位的序列号不同。

1.4.3.4 集成逻辑门电路使用注意事项

1）TTL 门电路使用的注意事项

（1）对于不用的输入端按功能要求接电源或接地。将与门、与非门不用的输入端接电源。将或门、或非门不用的输入端接地。

（2）电路的安装应尽量避免干扰信号的侵入，保证电路稳定工作。

① 在每一块插板的电源线上并接几十微法的低频去耦电容和 $0.01\sim0.047\mu F$ 的去耦电容。以防止 TTL 电路动态尖峰电流产生的干扰。

② 整机装置应有良好的接地系统。

2）CMOS 门电路使用的注意事项

CMOS 门电路的输入端设置了保护电路，但这种保护是有限的，由于 CMOS 电路的输入阻抗极高，极易感应较高的静电电压，击穿 MOS 管栅极极薄的绝缘层，从而造成器件永久性的损坏。为避免静电损坏，应注意以下几点。

（1）所有 CMOS 电路直接接触的工具、仪表必须可靠接地。

（2）存储和运输 CMOS 电路最好用金属屏蔽层做包装材料。

（3）多余输入端不能悬空。

输入端悬空极易产生感应较高的静电电压，造成器件永久的损坏。对于多余的输入端，可以根据功能要求接电源或接地，或与其他输入端并联使用。

技能训练1　74 系列集成逻辑门电路的识别、功能测试

1）目的

① 了解 74 系列集成门电路外形结构及外部引脚的排列规律。

② 掌握逻辑门电路功能测试方法。

③ 学习查阅器件手册。

④ 进一步训练实验箱及常用仪器的使用方法。

2）资料

（1）TTL 与非门 74LS00、74LS20

74LS00 为四个 2 输入 TTL 与非门，为双列直插 14 脚塑料封装，外部引脚排列如图 1-39所示。它共有 4 个独立的两输入端"与非"门，各个门的构造和逻辑功能相同。

74LS20 为两个 4 输入 TTL 与非门，为双列直插 14 脚塑料封装，外部引脚排列如图

1-40 所示。它共有 2 个独立的四输入端"与非"门，各个门的构造和逻辑功能相同。

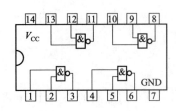

图 1-39　74LS00 引脚排列

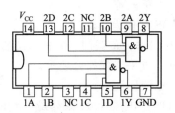

图 1-40　74LS20 引脚排列

（2）TTL 非门 74LS04

74LS04 为六个 TTL 与非门，为双列直插 14 脚塑料封装，外部引脚排列如图 1-41 所示。它共有六个独立的输入端"非"门，各个门的构造和逻辑功能相同。

3）设备与器件

设备：数字电子技术实验箱、万用表、电流表

器件：74LS00 一片（四个 2 输入与非门）、74LS04 一片（六个非门）、74LS20 一片（两个 4 输入与非门）。

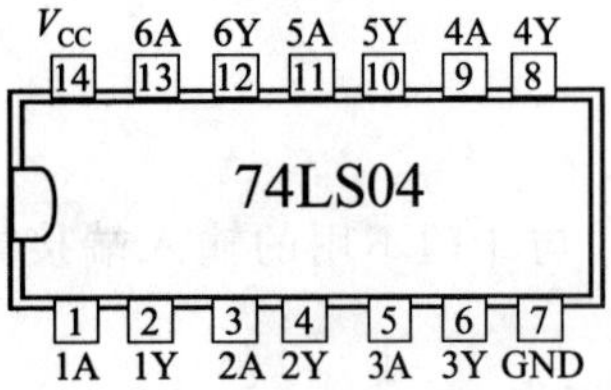

图 1-41　74LS04 引脚排列

4）内容及步骤

（1）TTL 与非门功能测试

74LS00 逻辑功能测试如下。

① 任意选择其中一个与非门进行实验。将与非门的两个输入端分别接到两个输入上（通过电平开关控制），输出端接到一个输出上（接高电平时电平指示灯点亮），接通电源，操作电平开关，完成真值表（表 1-14）。

② 将结果填入表中，并判断功能是否正确，写出逻辑表达式。

表 1-14　与非门真值表（一）

输入		输出	输入		输出
A	B		A	B	Y
0	0		1	0	
0	1		1	1	

74LS20 逻辑功能测试如下。

① 任意选择其中一个与非门进行测试。将与非门的四个输入端分别接到四个输入端上，输出端接到一个输出端上（接高电平时电平指示灯点亮），接通电源，操作电平开关，完成真值表（表 1-15）。

② 写出逻辑表达式。

表 1-15　与非门真值表（二）

输入				输出	输入				输出
A	B	C	D	Y	A	B	C	D	Y
0	0	0	0		1	0	0	0	
0	0	0	1		1	0	0	1	
0	0	1	0		1	0	1	0	
0	0	1	1		1	0	1	1	

输入				输出	输入				输出
A	B	C	D	Y	A	B	C	D	Y
0	1	0	0		1	1	0	0	
0	1	0	1		1	1	0	1	
0	1	1	0		1	1	1	0	
0	1	1	1		1	1	1	1	

（2）TTL 非门功能测试

① 选择 74LS04 非门进行实验。将非门的输入端接到电平开关上，输出端接到一个输出上（接高电平时电平指示灯点亮），接通电源，操作电平开关，完成真值表（表 1-16）。

表 1-16 非门真值表

输 入	输 出
A	Y
0	
1	

② 将结果填入表中，并判断功能是否正确，写出逻辑表达式。

5）报告

（1）预习

① 熟悉 TTL 与非门电路（74LS00、74LS20）的逻辑功能。

② 熟悉 TTL 非门电路（74LS04）的逻辑功能。

（2）数据处理

① 根据布置内容认真完成技能中各项测试任务，在数据记录表格中记录测量数据。

② 对数据进行分析。

技能训练 2 TTL 与非门 74LS00 的参数测试

1）目的

① 了解 TTL 与非门内部结构及外部引脚排列。

② 掌握逻辑门电路主要特性、参数的测试方法。

③ 学习查阅器件手册。

④ 进一步训练实验箱及常用仪器的使用方法。

2）资料

74LS00 为四个 2 输入 TTL 与非门，为双列直插 14 脚塑料封装，外部引脚排列如图 1-42 所示。它共有 4 个独立的两输入端"与非"门，各个门的构造和逻辑功能相同，其内部电路结构如图 1-43 所示。

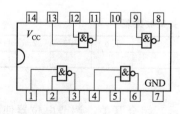

图 1-42 74LS00 引脚排列

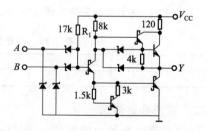

图 1-43 74LS00 与非门内部电路结构

74LS00 特性参数见表 1-17、表 1-18。

表 1-17　推荐工作条件

参数	最小	标称	最大	单位
V_{CC}	4.75	5	5.25	V
I_{OH}			$-400$①	μA
I_{OL}			8	mA
T_A	0		70	℃

① 负号表示电流由器件流出。

表 1-18　直流特性（0～70℃）

参　　数	测 试 条 件	最小	典型	最大	单位
V_{IH}		2			V
V_{IL}				0.8	V
V_{OH}	$V_{CC}=\min$, $V_{IL}=\max$, $I_{OH}=\max$	2.7	3.4		V
V_{OL}	$V_{CC}=\min$, $V_{IH}=2V$, $I_{OL}=\max$			0.25	0.5	V
I_{IH}	$V_{CC}=\max$, $V_{IH}=2.7V$			20	μA
I_{IL}	$V_{CC}=\max$, $V_{IL}=0.4V$			$-0.4$①	mA
I_{CC}	$V_{CC}=\max$, 输入输出悬空		2.4	4.4	mA

① 负号表示电流由器件流出。

3）设备与器件

设备：数字电子技术实验箱、万用表、电流表

器件：74LS00 一片（四个 2 输入与非门）

4）内容及步骤

TTL 与非门特性测试的内容及步骤如下。

（1）电压传输特性测试

按图 1-44 连好线路。调节电位器，使 V_I 在 0～3V 之间变化，记录相应的输入电压 V_I 和输入电压 V_O 的值并填入表 1-19，并在图 1-45 的坐标系中画出电压传输特性。

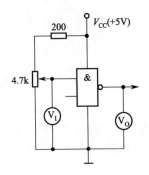

图 1-44　电压传输特性测试电路

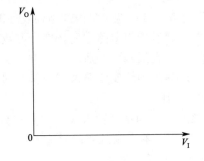

图 1-45　电压传输特性

表 1-19　与非门输入、输出电平关系数据表

V_I/V	0	0.3	0.6	0.9	1.0	1.1	1.2	1.3	1.6	2.0	2.5	3.0
V_O/V												

（2）直流参数测试

① 输出高电平 V_{OH} 的测试。测试电路如图 1-46 所示。闭合开关，调节电位器使电流表读数为 400μA，用万用表测量输出端带负载时的输出电压 V_{OH}；断开开关，用万用表测量

输出端负载开路时的输出电压 V'_{OH}，将数据填入表 1-20。

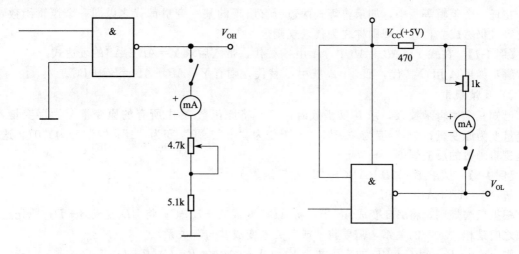

图 1-46　V_{OH} 的测试电路　　　　　图 1-47　V_{OL} 的测试电路

　　② 输出低电平 V_{OL} 的测试。测试电路如图 1-47 所示。闭合开关，调节电位器使电流表读数为 8mA，用万用表测量输出端带负载时的输出电压 V_{OL}；断开开关，用万用表测量输出端负载开路时的输出电压 V'_{OL}，将数据填入表 1-20 中。

表 1-20　V_{OH}、V_{OL}测试结果

参　数	I_{OH}	V_{OH}	V'_{OH}	I_{OL}	V_{OL}	V'_{OL}
实验数据	400μA			8mA		

5）报告

（1）预习

熟悉 TTL 与非门电路（74LS00）各参数的测量原理、测量方法及测量步骤。

（2）数据处理

根据布置内容认真完成技能中各项测试任务，仔细观察各种现象并加以分析。

在数据记录表格及图形中记录测量数据，并对数据进行分析。在直角坐标系上（V_I 为横轴、V_O 为纵轴）描绘输入、输出之间的传输特性曲线。

（3）思考题

① 简述 V_{OH}、V_{OL} 的名称及含义。

② 对于 TTL 门电路，其多余端输入端悬空时的电平为高电平还是低电平？

1.5　逻　辑　代　数

【学习目标】

① 熟悉逻辑代数的基本规则。

② 掌握逻辑代函数的基本运算定律。

③ 学习逻辑函数的描述方式及相互转换。

1.5.1　逻辑代数的基本运算规则

逻辑代数的基本运算应遵守三个规则：代入规则、反演规则和对偶规则。

1）代入规则

在任一个逻辑等式中，如果将等式两边所有出现的某一变量都代之以同一个逻辑函数，则此等式仍然成立，这一规则称之为代入规则。

【例 1-7】 在式 $Y=\overline{A}B+A\overline{B}$ 中，A 用 C 替代，带入后求 $Y=\overline{A}B+A\overline{B}$ 的表达式。

解：如果 A 用 C 替代，那么，$\overline{A}$ 就用 $\overline{C}$ 替代，则有 $Y=\overline{A}B+A\overline{B}=\overline{C}B+C\overline{B}$。

2）反演规则

已知一个逻辑函数 Y，求其反函数时，只要将原函数 Y 中所有的原变量变为反变量，反变量变为原变量；"+"变为"·"，"·"变为"+"；"0"变为"1"；"1"变为"0"。这就是逻辑函数的反演规则。

【例 1-8】 试求 $Y=AB+\overline{A}\overline{B}C+\overline{B}\overline{D}$ 的反函数 $\overline{Y}$。

解：$Y=AB+\overline{A}\overline{B}C+\overline{B}\overline{D}$

根据反演规则，将 AB 变成 $\overline{A}+\overline{B}$；将 $\overline{A}\overline{B}C$ 变成 $A+B+\overline{C}$；将 $\overline{B}\overline{D}$ 变成 $B+D$；原先这三项之间是相"或"的关系，需要将"或"关系变成"与"关系。

则：$Y=AB+\overline{A}\overline{B}C+\overline{B}\overline{D}$ 的反函数为 $\overline{Y}=(\overline{A}+\overline{B})(A+B+C)(B+D)$

3）对偶规则

已知一个逻辑函数 Y，只要将原函数中 Y 所有的"+"变为"·"，"·"变为"+"；"0"变为"1"；"1"变为"0"，而变量保持不变、原函数的运算先后顺序保持不变，那么就可以得到一个新函数，这新函数就是对偶函数 Y'。

其对偶与原函数具有如下特点：

（1）原函数与对偶函数互为对偶函数；

（2）任两个相等的函数，其对偶函数也相等。这两个特点即是逻辑函数的对偶规则。

则：$Y=AB+\overline{A}\overline{B}C+\overline{B}\overline{D}$ 的对偶式 $Y'=(A+B)(\overline{A}+\overline{B}+C)(\overline{B}+\overline{D})$

1.5.2 逻辑代函数的基本运算定律

逻辑函数的运算必须依据一定的规则、定律及定理。表 1-21 为逻辑函数的运算定律及定理。

表 1-21 定律及定理

定 律 名 称	公 式	
交换律	$A \cdot B=B \cdot A$	$A+B=B+A$
结合律	$A \cdot (B \cdot C)=(A \cdot B) \cdot C$	$A+(B+C)=(A+B)+C$
分配律	$A \cdot (B+C)=A \cdot B+A \cdot C$	$A+BC=(A+B) \cdot (A+C)$
0-1 律	$A \cdot 0=0$	$A+1=1$
	$A \cdot 1=A$	$A+0=A$
重叠律	$A \cdot A=A$	$A+A=A$
互补律	$A \cdot \overline{A}=0$	$A+\overline{A}=1$
还原律	$\overline{\overline{A}}=A$	
反演律	$\overline{AB}=\overline{A}+\overline{B}$	$\overline{A+B}=\overline{A} \cdot \overline{B}$（德·摩根定理）
冗余定理	$AB+\overline{A}C+BC=AB+\overline{A}C$	

$$A+AB=A \qquad A+\overline{A}B=A+B \qquad A(B+\overline{B})=A$$

1.5.3 逻辑函数的描述方式及相互转换

1）逻辑函数的描述方式

（1）真值表

采用一种表格来表示逻辑函数的运算关系，其中输入部分列出输入逻辑变量的所有可能组合，输出部分给出相应的输出逻辑变量值。

（2）逻辑图

采用规定的逻辑符号，来构成逻辑函数运算关系的网络图形。

（3）卡诺图

卡诺图是一种几何图形，可以将真值表中的内容填入这个几何图形中。可以用来表示和化简逻辑函数表达式，使最后的表达式达到最简。

（4）波形图

一种表示输入输出变量动态变化的图形，反映了函数值随时间变化的规律。

2）逻辑函数的相互转换

（1）真值表→逻辑表达式

从真值表写表达式的方法主要有以下两种。

① 积之和表达式（与或式）找 1，1 原，0 反。例如真值表如表 1-22 所示，分析该真值表写成表达式的方法。

表 1-22　真值表

输　　　　入			输　　出	输　　　　入			输　　出
A	B	C	Y	A	B	C	Y
0	0	0	0	1	0	0	0
0	0	1	0	1	0	1	1
0	1	0	0	1	1	0	1
0	1	0	1	1	1	1	1

找出输出为"1"的项。有四项：一项是 011 组合、一项是 101、一项是 110、111 组合。1 原：在组合中是 1 的就写它对应变量的原变量，0 反：在组合中是 0 的就写它对应变量的反变量。如 011 写成对应的 $\overline{A}BC$；101 写成对应的 $A\overline{B}C$；110 应写成 $AB\overline{C}$；111 应写成 ABC。这些项应该相或。表 1-22 就应写成：$Y=\overline{A}BC+A\overline{B}C+AB\overline{C}+ABC$（与或式）。

② 和之积表达式（或与式）找 0，0 原，1 反。例如真值表 1-22，找出输出是 0 的组合项，即 000；001；010；100。000—$A+B+C$ 式；001—$A+B+\overline{C}$ 式；010—$A+\overline{B}+C$ 式；100—$\overline{A}+B+C$ 式。

最后 $Y=(A+B+C)(A+B+\overline{C})(A+\overline{B}+C)(\overline{A}+B+C)$

虽然这两个表达式形式不一样，但是，最后的结果一样。输出 1 的个数特别少时，使用第二种方法比较好；否则，第一种方法比较好。

（2）真值表→卡诺图

将四个组合：011、101、110、111 分别填入下面的卡诺图中，如图 1-48 所示。

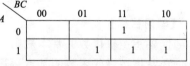

图 1-48　表 1-22 的卡诺图

（3）逻辑表达式→真值表

$Y=\overline{A}BC+A\overline{B}C+AB\overline{C}+ABC$ 表达式要想填入真值表很简单。ABC 组合中，011、101、110、111 时，Y 为 1；否则为 0。如表 1-22 中所示。

（4）逻辑表达式——逻辑图

用逻辑符号代表函数式中的逻辑关系。对应的逻辑符号图如图 1-49 所示。

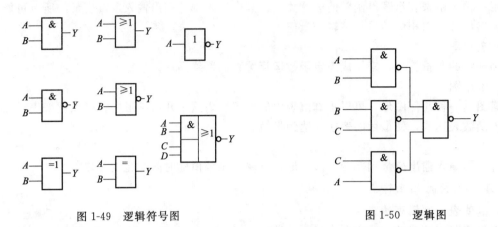

图 1-49　逻辑符号图　　　　　　　　图 1-50　逻辑图

当逻辑表达式想要转化成逻辑图时，就需要对逻辑表达式进行化简，化成最简后，在使用相应的逻辑门符号来表示就可以了。一般将与或式写成与非与非表达式的形式，使用与非门的比较常用。

如：$Y=\overline{A}BC+A\overline{B}C+AB\overline{C}+ABC$ 经过化简后会得到

$Y=AC+AB+BC=\overline{\overline{AC}\,\overline{AB}\,\overline{BC}}$，对应的逻辑图如图 1-50 所示。

（5）波形图→真值表

波形图如图 1-51 所示，将该波形图中的高电平用"1"表示，低电平用"0"表示。填入真值表如表 1-23 所示。

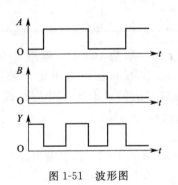

图 1-51　波形图

表 1-23　真值表

输　　入		输　出
A	B	Y
0	0	1
0	1	0
1	0	0
1	1	1

1.6　逻辑函数的化简

【学习目标】

① 熟悉逻辑代数的基本规则。

② 掌握逻辑代函数的基本运算定律。

③ 会利用公式法和卡诺图法化简逻辑函数。

1.6.1　逻辑函数的公式化简法

用逻辑门电路实现一个逻辑函数，逻辑函数需要化简。如果表达式比较简单，那么实现这个逻辑函数所需要的元件（门电路）就比较少，需要的连线就少，可靠性就高，这在节约器材、降低成本、提高可靠性方面具有重要意义。逻辑函数化简方法有：公式化简法、卡诺图化简法。

用基本定律和定理进行逻辑函数化简的方法，叫做公式化简法（也称为代数化简法）。

（1）并项法：利用 $A+\overline{A}=1$，将两项合并为一项，消去一个变量。

【例 1- 9】　$Y=\overline{A}B+AB=(\overline{A}+A)B=B$

（2）吸收法：利用 $A+AB=A$ 吸收多余项。

【例 1-10】　$Y=A+ABC+A\overline{BC}=A(1+BC+\overline{BC})=A$

（3）消去法：利用 $A+\overline{A}B=A+B$ 消去多余的因子。

【例 1-11】　$AB+\overline{A}C+\overline{B}C=AB+(\overline{A}+\overline{B})C=AB+\overline{AB}C=AB+C$

（4）消项法：利用 $AB+\overline{A}C+B\overline{C}=AB+\overline{A}C$ 消去多余的项。

【例 1-12】　$AB+\overline{A}C+B\overline{C}=AB+\overline{A}C+BC+B\overline{C}=AB+\overline{A}C+B=\overline{A}C+B$

（5）配项法：利用 $A=A(B+\overline{B})$ 将一项变为两项，或者利用冗余定理增加冗余项，$AB+\overline{A}C=AB+\overline{A}C+BC$，配项的目的是寻找新的组合关系进行化简。

【例 1-13】

$$A\overline{B}+B\overline{C}+\overline{B}C+\overline{A}B=A\overline{B}+B\overline{C}+(A+\overline{A})\overline{B}C+\overline{A}B(C+\overline{C})$$
$$=A\overline{B}+B\overline{C}+A\overline{B}C+\overline{A}\overline{B}C+\overline{A}BC+\overline{A}B\overline{C}$$
$$=(A\overline{B}+A\overline{B}C)+(B\overline{C}+\overline{A}B\overline{C})+(\overline{A}\overline{B}C+\overline{A}BC)$$
$$=A\overline{B}+B\overline{C}+\overline{A}C$$

注意：由于从后两项配项，结果为上面结果。请同学们从前两项配项，看一看结果是什么？

1.6.2　逻辑函数的卡诺图化简法

虽然使用公式化简法对逻辑函数进行化简，它的使用不受任何条件的限制，但是它没有固定的步骤可循，在化简一些复杂的逻辑函数时，不仅需要熟练掌握各种基本公式和定理，而且还需要掌握一定的经验和运算技巧，有时很难判断出化简后的结果，是否为最简形式。而卡诺图化简法简单、直观，使用者不需要熟练掌握繁杂的基本公式和定理，也不需要特殊的技巧，只需要按照一些简单的规则进行化简，就能得到最简的结果。

1）卡诺图及其画法

卡诺图是把最小项按照一定规则排列而构成的方框图。

（1）构成卡诺图的原则

① N 变量的卡诺图有 2^n 个小方块（最小项）；

② 最小项排列规则：几何相邻的必须逻辑相邻。

逻辑相邻：两个最小项，只有一个变量的形式不同，其余的都相同（例如：ABC 与 $AB\overline{C}$ 只有一个变量不同，可以合并成 AB）。逻辑相邻的最小项可以合并。

逻辑相邻的含义：

一是相邻——紧挨的；

二是相对——任一行或一列的两头；

三是相重——对折起来后位置相重（四个角）。

（2）卡诺图的画法

首先讨论三变量（A、B、C）函数卡诺图的画法：

① 3 变量的卡诺图有 2^3 个小方块；N 个变量的卡诺图有 2^n 个小方块。

② 几何相邻的必须逻辑相邻：变量的取值按 00、01、11、10 的顺序（循环码）排列。

正确认识卡诺图的"逻辑相邻"：上下相邻，左右相邻，并呈现"循环相邻"的特性，它类似于一个封闭的球面，如同展开了的世界地图一样。对角线上不相邻。3 变量的卡诺图如图 1-52 所示，4 个变量的卡诺图如图 1-53 所示。

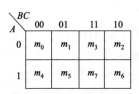

图 1-52　3 变量的卡诺图

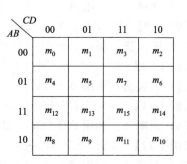

图 1-53　4 个变量的卡诺图

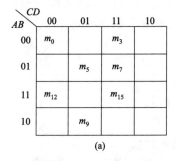

图 1-54　表 1-24 真值表
对应的卡诺图

2）用卡诺图表示逻辑函数

（1）从真值表画卡诺图

根据变量个数画出卡诺图，再按真值表填写每一个是 1 的小方块即可。需注意二者顺序不同。

已知 Y 的真值表如表 1-24 所示，要求画 Y 的卡诺图分析：将表 1-24 中 Y 为 1 的项填入卡诺图中，如图 1-54 所示。

表 1-24　真值表

输　　入			输出	输　　入			输出
A	B	C	Y	A	B	C	Y
0	0	0	0	1	0	0	1
0	0	1	1	1	0	1	0
0	1	0	1	1	1	0	0
0	1	1	0	1	1	1	1

（2）从最小项表达式画卡诺图

把表达式中所有的最小项在对应的小方块中填入 1，其余的小方块中填入 0 即可。

画出函数 $Y(A、B、C、D) = \sum m(0,3,5,7,9,12,15)$ 的卡诺图。

原式中的相应编号填入卡诺图如图 1-55（a）所示；将对应的编号填入卡诺图如图 1-55（b）所示。

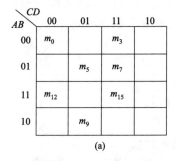

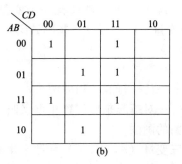

(a)　　　　　　　　　　　(b)

图 1-55　函数 $Y(A、B、C、D) = \sum m(0,3,5,7,9,12,15)$ 的卡诺图

（3）从一般表达式画卡诺图

先将表达式变换为与或表达式，再画卡诺图。

把每一个乘积项所包含的那些最小项（该乘积项就是这些最小项的公因子）所对应的小方块都填上 1，就可以得到逻辑函数的卡诺图。

【例 1-14】　已知 $Y=AB+A\overline{C}D+\overline{A}BCD$，画卡诺图。

分析：$AB=11$；$\overline{A}BCD=0111$；$A\overline{C}D=101$ 时 $Y=1$

最后剩下的小方块就是 0 的位置，不需填写，否则会很乱。卡诺图如图 1-56 所示。

3）用卡诺图化简逻辑函数

由于卡诺图两个相邻最小项中，只有一个变量取值不同，而其余的取值都相同。所以，合并相邻最小项，利用公式 $A+\overline{A}=1$，$AB+\overline{A}B=A$，可以消去一个或多个变量，从而使逻辑函数得到简化。合并相邻最小项，可消去变量。

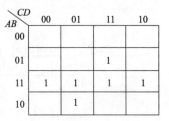

图 1-56　$Y=AB+A\overline{C}D+\overline{A}BCD$
的卡诺图

卡诺图中最小项合并的规律：

合并两个最小项，可消去一个变量；

合并四个最小项，可消去两个变量；

合并八个最小项，可消去三个变量。

合并 2^n 个最小项，可消去 N 个变量。

（1）两个最小项合并（如图 1-57 所示）

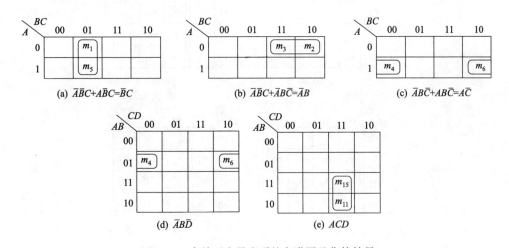

图 1-57　合并两个最小项的卡诺图及化简结果

（2）四个最小项合并（如图 1-58 所示）

（3）八个最小项的合并（如图 1-59）

4）卡诺图化简法

（1）基本步骤

① 画出逻辑函数的卡诺图；

② 合并相邻最小项（圈圈：必须圈 2^n 个最小项）；

③ 将圈圈写出最简与或表达式。

关键是能否正确圈圈。

（2）正确圈圈的原则

① 必须按 2、4、8、…2^n 的规律来圈取值为 1 的相邻最小项；

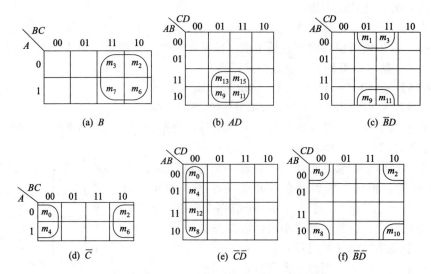

图 1-58　合并四个最小项的卡诺图及化简结果

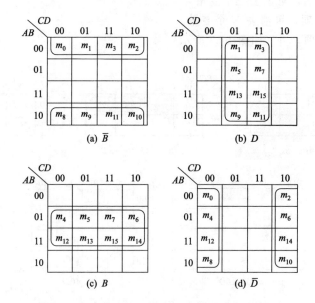

图 1-59　合并八个最小项的卡诺图及化简结果

② 每个取值为 1 的相邻最小项，至少必须圈一次，但可以圈多次；

③ 圈的个数要最少（与项就少），并要尽可能大（消去的变量就越多），并且每个圈内必须有没被别的圈圈过的最小项（避免圈圈重复）。

（3）从圈圈写最简与或表达式的方法

① 将每个圈用一个与项表示，圈内各最小项中互补的因子消去，相同的因子保留，相同取值为 1 用原变量，相同取值为 0 用反变量；

② 将各与项相或，便得到最简与或表达式。

【例 1-15】 化简 $Y=\sum m(0,2,5,6,7,9,10,14,15)$。

解：第一步：画卡诺图，并填好卡诺图；第二步：圈孤立"1"的格；第三步：圈只有一种合并可能的"1"格；第四步：余下未被覆盖的"1"格加圈覆盖（图 1-60）。

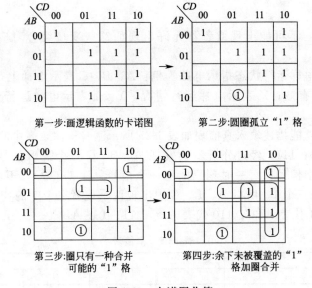

第一步:画逻辑函数的卡诺图　　　第二步:圆圈孤立"1"格

第三步:圈只有一种合并　　　第四步:余下未被覆盖的"1"
　　可能的"1"格　　　　　　　格加圈合并

图 1-60　卡诺图化简

最后，写出每个圈的表达式，然后相或 $Y = A\overline{B}\overline{C}D + \overline{A}\,\overline{B}\overline{D} + \overline{A}B\overline{D} + BC + C\overline{D}$

【例 1-16】　用卡诺图化简逻辑函数

$Y(A,B,C,D) = \sum m(0,1,2,3,4,5,6,7,8,10,11)$

解：填入卡诺图并化简，结果如图 1-61 所示。

化简得到的表达式：$Y = \overline{A} + \overline{B}C + \overline{B}\overline{D}$

【例 1-17】　用卡诺图化简逻辑函数

$Y(A、B、C) = \sum m(3,4,5,7,9,13,14,15)$

解：先填入卡诺图，按化简原则进行化简，如图 1-62(a)
所示，经检查该卡诺图 1 中，有多余的圈圈。去掉多余圈的卡
诺图如图 1-62(b) 所示。

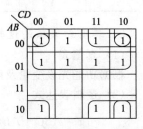

图 1-61　$Y = \sum m(0,1,2,3,$
$5,6,7,8,10,11)$ 的卡诺图

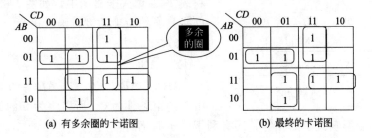

(a) 有多余圈的卡诺图　　　　　(b) 最终的卡诺图

图 1-62　卡诺图化简逻辑函数

$$Y = \overline{A}B\overline{C} + A\overline{C}D + \overline{A}CD + ABC$$

圈圈技巧（防止多圈的方法）：

① 先圈孤立的 1；

② 再圈只有一种圈法的 1；

③ 最后圈大圈；

④ 检查：每个圈中至少有一个 1 未被其他圈圈过。

31

1.6.3 具有约束项的逻辑函数化简

1）约束项

在逻辑函数中，不可能出现或者不允许出现的这些变量组合对应的最小项，称为约束项。

举个例子：以电梯运行状态指示电路为例：A、B、C 表示电梯上行、下行、停止的逻辑信号，设取 1 时有效；Y 表示电梯运行情况，$Y=1$ 表示电梯运行中；$Y=0$ 表示电梯停止。

分析：将上述功能描述填入真值表如表 1-25 所示。着重注意表中的 X 所对应的变量组合：011；101；110；111。经过分析就会发现 A、B、C 三个逻辑信号，由于分别代表上行、下行、停止三个信号，每一时刻只能有一个信号是 1（有效），不可能出现两个 1（有效），更不可能出现三个 1。所以 A、B、C 中出现两个或者三个 1 的变量组合不允许出现，011 代表 $\overline{A}BC$；101 代表 $A\overline{B}C$；110 代表 $AB\overline{C}$；111 代表 ABC。

表 1-25 真值表

输 入			输 出	输 入			输 出
A	B	C	Y	A	B	C	Y
0	0	0	0	1	0	0	1
0	0	1	0	1	0	1	X
0	1	0	1	1	1	0	X
0	1	1	X	1	1	1	X

2）具有约束项的逻辑函数表示方法

（1）真值表

根据功能先设变量及函数，后填写真值表，如表 1-25 所示。

（2）逻辑表达式

$$\begin{cases} Y=\overline{A}B\overline{C}+A\overline{B}\,\overline{C} \\ \overline{A}BC+A\overline{B}C+AB\overline{C}+ABC=0 \text{ 约束条件} \end{cases} \rightarrow \begin{cases} Y=\sum m(2,4) \\ \sum d(3,5,6,7)=0 \text{ 约束条件} \end{cases}$$

（3）卡诺图

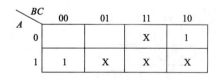

图 1-63 表 1-25 的卡诺图

将表 1-25 填入卡诺图中，如图 1-63 所示。

（4）具有约束项的逻辑函数化简

① 公式化简法

$$\begin{cases} Y=\overline{A}B\overline{C}+A\overline{B}\,\overline{C} \\ \overline{A}BC+A\overline{B}C+AB\overline{C}+ABC=0 \text{ 约束条件} \end{cases}$$

由于约束条件为 0，所以将为 0 的式子加在逻辑表达式的后面不会影响式子的相等，还有利于式子的化简：

$$Y=\overline{A}B\overline{C}+A\overline{B}\,\overline{C}+\overline{A}BC+A\overline{B}C+AB\overline{C}+ABC$$
$$=\overline{A}(B\overline{C}+BC)+A(\overline{B}\,\overline{C}+\overline{B}C+B\overline{C}+BC)$$
$$=\overline{A}B+A(\overline{B}+B)$$
$$=\overline{A}B+A$$
$$=B+A$$

② 卡诺图化简法

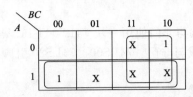

$$\begin{cases} Y=B+A \\ \overline{A}\overline{B}C+A\overline{B}\overline{C}+AB\overline{C}+ABC=0 \ \text{约束条件} \end{cases}$$

项目制作 三人表决器电路的设计与制作

1）学习目的

① 学习运用门电路构成实际逻辑电路。

② 通过一个输入与输出的关系通俗易懂、结果显而易见的项目设计与制作，让学生理解门电路、熟悉门电路的功能及应用。

2）所用器材

①74LS00 一块；②74LS20 一块；③数字实验箱；④导线若干。

3）设计步骤

根据三变量表决器的功能，设置三变量 A、B、C，同意为1，不同意为0；表决结果为 Y，通过为1，不同意为0。然后，填写真值表如表 1-26 所示。通过真值表写出逻辑表达式。由于实训室只有 74LS00 四输入与非门，所以，最后需要将与-或表达式根据定律与定理，化简为最简的与-或表达式；再根据反演率变成与非-与非表达式。

表 1-26 真值表

输 入			输 出	输 入			输 出
A	B	C	Y	A	B	C	Y
0	0	0	0	1	0	0	0
0	0	1	0	1	0	1	1
0	1	0	0	1	1	0	1
0	1	1	1	1	1	1	1

$Y=\overline{A}BC+A\overline{B}C+AB\overline{C}+ABC=AB+BC+AC=\overline{\overline{AB}\cdot\overline{BC}\cdot\overline{AC}}$

$\because AB\overline{C}+ABC=AB$

$\because AB+A\overline{B}C=AB+AC$

$\because AB+\overline{A}BC=AB+BC$

得到如图 1-64 所示逻辑电路图。接上输入开关与输出指示灯的电路如图 1-65 所示。

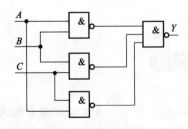

图 1-64 三人表决器逻辑电路图

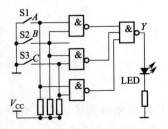

图 1-65 三人表决器电路图

4）制作步骤

（1）所用的 3 个二输入端与非门使用一块 74LS00TTL 集成与非门；1 个三输入端与非门使用一块 74LS20 TTL 集成与非门。74LS00、74LS20 引脚图如图 1-66、图 1-67 所示。

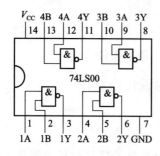

图 1-66　74LS00 引脚图

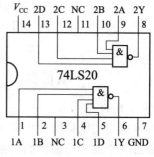

图 1-67　74LS20 引脚图

（2）准备数字电路实验箱，将 74LS00、74LS20 集成与非门电路在其上面的实验板上将集成块插好，熟悉每个引脚，以便于连接。

（3）将设计好的三人表决器逻辑电路图 1-64，按照图 1-65 接好输入开关，以便于给出输入高电平和低电平，开关合上为高电平；断开则为低电平。同样，需要将输出 Y 接到 LED 发光二极管上，当 Y＝1 时，发光二极管就会发光，说明此时输出高电平；否则，LED 灯灭相当于输出低电平。

（4）将 74LS00、74LS20 的 14 引脚分别接上＋5V 电源。

（5）其它连线需要按图 1-65 接好即可。

（6）测试开始，记录输入电平的不同组合时，得到的输出结果，填入真值表 1-27 中。

表 1-27　真值表

输　　　入			输　　出	输　　　入			输　　出
A	B	C	Y	A	B	C	Y
0	0	0		1	0	0	
0	0	1		1	0	1	
0	1	0		1	1	0	
0	1	1		1	1	1	

5）结论

根据上述得到的真值表，即可得出结论。

6）报告

（1）对电路进行测试，列写测试数据，写出测试结果。

（2）通过制作得到什么结论？获得哪些经验？

知识梳理与总结

（1）逻辑电路研究的是逻辑事件，逻辑事件有个共同的特点：有且仅有两个相反的状态（电位的高、低；开关的开、关；灯的亮、灭等），而且这个事件无论何时，必定是这两个状态中的一个。这两个状态用 1、0 表示。各种复杂的逻辑关系都可以由一些基本的逻辑关系表示。基本逻辑关系有：与关系、或关系、非关系。"与"相当于"逻辑乘"；"或"相当于"逻辑或"；"非"是入与出相反的关系。

（2）实现逻辑关系的电路，就叫逻辑门电路（简称门电路）。门电路有与门、或门、非门、与非门、或非门、与或非门、异或门、同或门。

（3）表示逻辑电路逻辑关系的方法：逻辑表达式、真值表、卡诺图、逻辑图、波形图。

（4）设计逻辑电路希望电路尽可能简单、可靠，就必须对逻辑函数进行化简，化简的方法有公式法、卡诺图法。公式法化简逻辑函数依据基本定律、定理，公式法化简优点：变量数目不限，但缺点是需要熟练掌握基本定律及定理，还需要掌握一定的化简技巧，不知道化简结果是否为最简。而卡诺图法克服了公式法的缺点，只要按照化简卡诺图的规则进行化简，化简结果一定是最简的；卡诺图法的缺点是逻辑变量数有限制。

练习题

1-1 填空题

1. 逻辑代数的基本运算规则是（   ）规则、（   ）规则和（   ）规则。

2. 逻辑函数的表示方法有（   ）、（   ）、（   ）、（   ）等几种。

3. TTL 器件输入高、低电平分别为（   ）V、（   ）V；输出高、低电平分别为（   ）V、（   ）V。

4. CMOS 器件输入高、低电平分别为（   ）V、（   ）V；输出高、低电平分别为（   ）V、（   ）V。

5. TTL 或非门多余输入端的处理方法为（   ）、（   ）或（   ）。

6. CMOS 与非门多余输入端的处理方法为（   ）、（   ）或（   ）。

1-2 进制转换题

1. 完成下列数制的转换

(1) $(60)_{10} = ($ $)_2 = ($ $)_{16}$

(2) $(127)_{10} = ($ $)_2 = ($ $)_{16}$

(3) $(256.3)_{10} = ($ $)_2 = ($ $)_{16}$

(4) $(1025)_{10} = ($ $)_2 = ($ $)_{16}$

(5) $(110101)_2 = ($ $)_{10} = ($ $)_{16}$

(6) $(1101101101.110)_2 = ($ $)_{10} = ($ $)_{16}$

(7) $(3F)_{16} = ($ $)_{10} = ($ $)_2$

(8) $(FFFF)_{16} = ($ $)_{10} = ($ $)_2$

2. 8421BCD 码转换题

(1) $(64)_{10} = ($ $)_{8421BCD}$

(2) $(255.3)_{10} = ($ $)_{8421BCD}$

(3) $(2048.450)_{10} = ($ $)_{8421BCD}$

(4) $(1000011.0011)_{8421BCD} = ($ $)_{10}$

1-3 分别画出与门、或门、非门、与或非门、同或门、异或门、OC 门、三态门的逻辑符号并写出逻辑表达式。

1-4 写出下列逻辑函数的对偶式和反演式及最小项表达式。

1. $Y=ABC+\overline{A}\overline{B}C$

2. $Y=AB+\overline{BC}+\overline{A}B\overline{D}$

3. $Y=\overline{\overline{AB}+CD}+\overline{A}\overline{B}$

1-5 用公式法化简下列函数。

1. $Y=ABC+\overline{A}+\overline{B}+\overline{C}$

2. $Y=(AB+A\overline{B}+\overline{A}B)(A+B+D+\overline{A}B\overline{D})$

3. $Y=A\overline{B}+ABD+\overline{A}C+BCD$

4. $Y=AB+\overline{A}B+\overline{A}CD+A\overline{B}$

5. $Y=A\overline{C}\overline{D}+BC+\overline{B}D+A\overline{B}+\overline{A}C+\overline{B}\overline{C}$

6. $Y=AB+\overline{A}C+(\overline{B}+\overline{C})D$

7. $Y=BC+A\overline{C}+\overline{A}B+BCD$

1-6 用卡诺图法化简下列函数。

1. $F=\sum m(4,5,6,8,9,10,13,14,15)$

2. $F-A\overline{B}C+\overline{A}CD+A\overline{C}$

3. $F=ABCD+ACD+B\overline{D}$

4. $F=\overline{A}\overline{B}\overline{C}+\overline{A}\overline{B}D+\overline{A}CD+AB\overline{D}+\overline{A}BC\overline{D}+ABCD$

5. $F=\sum m(0,7,9,11,13,15)+\sum d(6,14)$

6. $F=\sum m(0,1,4,7,9,10,15)+\sum d(2,5,8,12,13)$

1-7 列出真值表，并写出其逻辑表达式。

1. 设三个变量 A、B、C，当输入变量的状态不一致时，输出为 1，反之为 0。

2. 设三个变量 A、B、C，当变量组合中出现偶数个 1 时，输出为 1，反之为 0。

1-8 如图 1-68(a)、(b) 所示电路中，分析其实现的功能。

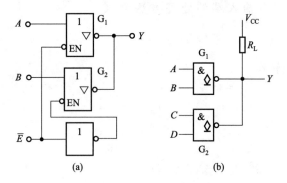

图 1-68 电路

项目2　编码、译码、显示电路的设计与制作

【项目目标】

学完该项目，学生能达到分析给定的组合逻辑电路的逻辑功能；也能根据给定的逻辑功能，设计出符合要求的逻辑电路。通过学习常用的集成组合逻辑电路器件如编码器、译码器、数据选择器、数据分配器、加法器等，熟悉其逻辑功能，可以通过这些器件完成要求的逻辑功能。

【知识目标】

① 掌握分析与设计组合逻辑电路的方法。

② 熟悉常用的集成逻辑电路芯片引脚的有效电平及功能。

③ 熟悉常用的集成逻辑电路芯片的应用。

【能力目标】

① 逻辑分析能力。

② 逻辑设计能力。

③ 器件应用能力。

2.1　组合逻辑电路的分析与设计

【学习目标】

① 掌握分析组合逻辑电路的方法。

② 掌握设计组合逻辑电路的方法。

2.1.1　组合逻辑电路的概念与特点

根据逻辑功能的不同特点，常把数字电路分成组合逻辑电路（简称组合电路）和时序逻辑电路（简称时序电路）两大类。

当逻辑电路在任一时刻的输出状态仅取决于在该时刻的输入信号，而与电路原有的状态无关，就叫做组合逻辑电路。组合逻辑电路在结构上是由各种门电路组成的。

组合电路逻辑功能表示方法，通常有逻辑函数表达式、真值表（或功能表）、逻辑图、卡诺图、波形图等五种。

2.1.2　组合逻辑电路的分析与设计

1）组合逻辑电路的分析方法

所谓分析，指的是逻辑分析，即根据已知的逻辑电路找出电路的输入和输出之间的逻辑关系，最后得到电路的功能。

（1）分析步骤（图2-1）

① 写出逻辑函数表达式；

② 列真值表；

③ 描述电路逻辑功能。

图 2-1　组合逻辑电路的分析步骤

（2）举例

【例 2-1】　分析图 2-2 所示电路的逻辑功能。

解：① 写出逻辑函数表达式 $Y=AB+BC+AC$。

② 列真值表如表 2-1 所示。

表 2-1　例 2-1 的逻辑真值表

输入			输出	输入			输出
A	B	C	Y	A	B	C	Y
0	0	0	0	1	0	0	0
0	0	1	0	1	0	1	1
0	1	0	0	1	1	0	1
0	1	1	1	1	1	1	1

③ 描述电路逻辑功能。

A、B、C 三个变量中，若有两个变量或者两个以上的变量为 1，Y 就为 1；否则，Y 就为 0。

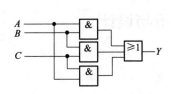

图 2-2　例 2-1 的逻辑电路图

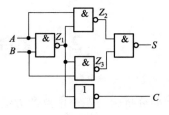

图 2-3　例 2-2 的逻辑电路图

【例 2-2】　分析图 2-3 所示电路的逻辑功能。

解：① 逐级写出表达式

$Z_1=\overline{AB}$

$Z_2=\overline{A\,\overline{AB}}$

$Z_3=\overline{B\,\overline{AB}}$

$S=\overline{Z_2 Z_3}=\overline{\overline{A\,\overline{AB}}\,\overline{B\,\overline{AB}}}=\overline{\overline{A\,\overline{AB}}}+\overline{\overline{B\,\overline{AB}}}=A\,\overline{AB}+B\,\overline{AB}=(\overline{A}+\overline{B})(A+B)=A\oplus B$

$C=\overline{Z_1}=\overline{\overline{AB}}=AB$

② 根据表达式，列写图 2-3 的真值表，如表 2-2 所示。

表 2-2　例 2-2 的真值表

输入		输出		输入		输出	
A	B	S	C	A	B	S	C
0	0	0	0	1	0	1	0
0	1	1	0	1	1	0	1

③ 简述其逻辑功能。

A、B 表示两个 1 位二进制的加数，S 是它们相加的本位和，C 是向高位的进位。这种电路可用于实现两个 1 位二进制数的相加，它是运算器中的基本单元电路，称为半加器。

2）组合逻辑电路的设计方法

（1）设计的步骤（图 2-4）

① 分析要求，列真值表。

② 由真值表写表达式。

③ 化简（公式法或者卡诺图法）。化简的目的是为了减少门电路数量，从而减少连线的数量。

④ 画逻辑图。

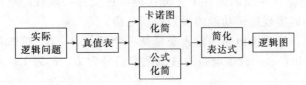

图 2-4　组合逻辑电路的设计步骤

（2）举例

【例 2-3】 设有甲、乙、丙三人进行表决，若有两人以上（包括两人）同意，则表决通过，用 ABC 代表甲、乙、丙，用 Y 表示表决结果。试列出真值表，写出逻辑表达式，并画出用"与非门"构成的逻辑图。

解：① 分析题意，写出真值表

用 1 表示同意，0 表示不同意或弃权。可列出真值表如表 2-3 所示。

表 2-3　例 2-3 的真值表

输入			输出	输入			输出
A	B	C	Y	A	B	C	Y
0	0	0	0	1	0	0	0
0	0	1	0	1	0	1	1
0	1	0	0	1	1	0	1
0	1	1	1	1	1	1	1

② 由真值表写表达式

$$Y = A\overline{B}C + AB\overline{C} + ABC + \overline{A}BC$$

③ 化简函数表达式

方法一：公式法

$$\begin{aligned}
Y &= A\overline{B}C + AB\overline{C} + ABC + \overline{A}BC \\
&= AC + AB + BC \\
&= \overline{\overline{AC + AB + BC}} \\
&= \overline{\overline{AC} \cdot \overline{AB} \cdot \overline{BC}}
\end{aligned}$$

方法二：卡诺图法，卡诺图如图 2-5 所示。

卡诺图化简结果：

$$Y = AB + BC + CA$$
$$= \overline{\overline{AB} \cdot \overline{BC} \cdot \overline{CA}}$$

④ 画逻辑图，如图 2-6 所示。

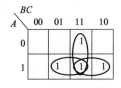

图 2-5　卡诺图化简

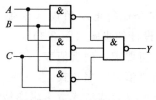

图 2-6　例 2-3 的逻辑图

【例 2-4】　某设备有开关 A、B、C，要求：只有开关 A 接通的条件下，开关 B 才能接通；开关 C 只有在开关 B 接通的条件下才能接通。违反这一规程，则发出报警信号。设计一个由与非门组成的能实现这一功能的报警控制电路。

解：由题意可知，该报警电路的输入变量是三个开关 A、B、C 的状态，设开关接通用 1 表示，开关断开用 0 表示；设该电路的输出报警信号为 F，F 为 1 表示报警，F 为 0 表示不报警。

① 分析题意，列出真值表，如表 2-4 所示。

表 2-4　例 2-4 的真值表

A	B	C	F	A	B	C	F
0	0	0	0	1	0	0	0
0	0	1	1	1	0	1	1
0	1	0	1	1	1	0	0
0	1	1	1	1	1	1	0

② 由真值表写表达式。
③ 化简函数表达式。
④ 画逻辑图，如图 2-7 所示。

$$F = \overline{A}\,\overline{B}C + \overline{A}B\,\overline{C} + \overline{A}BC + A\,\overline{B}C$$

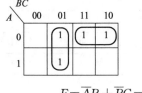

$$F = \overline{A}B + \overline{B}C = \overline{\overline{\overline{A}B} \cdot \overline{\overline{B}C}}$$

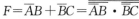

$$F = \overline{A}B + \overline{B}C = \overline{\overline{\overline{A}B} \cdot \overline{\overline{B}C}}$$

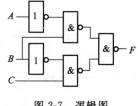

图 2-7　逻辑图

2.2　常用的集成组合逻辑电路

【学习目标】
① 学习常用集成组合逻辑电路的功能。
② 能应用译码器及数据选择器构成逻辑函数。

2.2.1　常用的组合集成电路简介

常用组合集成电路见表 2-5。

表 2-5 常用组合集成电路简介

类 型	型 号	功 能
编码器	74LS147	10 线-4 线编码器(8421BCD 编码器或二-十进制优先编码器)
	74LS148	8 线-3 线编码器(二进制优先编码器)
译码器	74LS139	2 线-4 线译码器
	74LS138	3 线-8 线译码器
	74LS154	4 线-16 线译码器
	74LS47	显示译码器(低电平有效,驱动共阳极数码管)
	74LS48	显示译码器(高电平有效,驱动共阴极数码管)
	74LS42	BCD 码译码器
数据选择器	74150	16 选 1 数据选择器(有选通输入,反码输出)
	74LS151	8 选 1 数据选择器(有选通输入,互补输出)
	74LS153	双 4 选 1 数据选择器(有选通输入)
	74157	四 2 选 1 数据选择器(有公共选通输入)
	74253 74LS253	双 4 选 1 数据选择器(三态输出)
	74353 74LS353	双 4 选 1 数据选择器(三态输出,反码)
	74351	双 8 选 1 数据选择器(三态输出)
比较器	7485 74LS85	4 位幅度比较器
	74LS686	8 位数值比较器
	74LS687	8 位数值比较器(OC)
	74688 74LS688	8 位数值比较器/等值检测器
	74689	8 位数值比较器/等制检测器(OC)
全加器	74283 74LS283	4 位二进制超前进位全加器

2.2.2 编码器 (Coder)

编码:用文字、符号或数码表示特定的对象的过程。实现编码操作的逻辑电路叫作编码器。键盘就是以一个编码器。编码器分二进制编码器、二-十进制编码器、优先编码器。

1) 二进制编码器

输入 n 位二进制代码,就会有 2^n 个信号输出。如 2 线-1 线编码器、4 线-2 线编码器、8 线-3 线编码器、16 线-4 线编码器。图 2-8 是 4 线-2 线编码器符号图。

图 2-8 4 线-2 线编码器符号图

【例 2-5】 试设计一个 4 线-2 线编码器。高电平表示请求编码。

解:设 I_0、I_1、I_2、I_3 为 4 个输入信号,分别表示数字 0、1、2、3。输出为 Y_1、Y_0,真值表如表 2-6 所示。

表 2-6 4 线-2 线编码器真值表

I_0	I_1	I_2	I_3	Y_1	Y_0
1	0	0	0	0	0
0	1	0	0	0	1
0	0	1	0	1	0
0	0	0	1	1	1

由于输入四个变量 I_0、I_1、I_2、I_3,高电平表示请求编码,每次只能有一个变量为高电平。四个变量本应该有十六个组合状态,只出现了四种组合状态,其它十二种状态在编码时不允许出现,也就是说这十二种状态受约束。

根据表 2-6 画出卡诺图,将取值组合使 $Y_1=1$ 的最小项填入卡诺图中,受约束的十二个组合需要填"X",如图 2-9(a) 所示;同样,将 $Y_0=1$ 的最小项填入卡诺图中,受约束的十二个组合需要填"X"，如图 2-9（b）所示。

根据图 2-9 卡诺图化简得逻辑表达式为 $Y_1 = I_2 + I_3$，$Y_0 = I_1 + I_3$，逻辑图如图 2-10 所示。

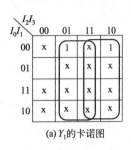
(a) Y_1的卡诺图

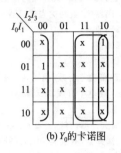
(b) Y_0的卡诺图

图 2-9　卡诺图

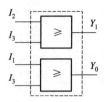

图 2-10　4 线-2 线编码器逻辑电路图

2）二-十进制编码器（或者 8421BCD 码编码器）

将十进制数的 0～9 编成二进制代码的电路。10 线-4 线编码器符号图如图 2-11 所示。其功能表同表 2-6 类似，只不过是 10 个输入 $I_0 \sim I_9$，4 个输出是 $Y_3 \sim Y_0$。

二进制编码器、二-十进制编码器的缺点是每次只能有一个输入请求编码，而下面要讲的优先编码器就克服了这一问题。所有的输入端均可请求编码，但是根据优先级别，每次也只能对一个输入进行编码。

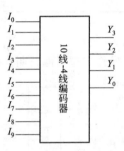

图 2-11　10 线-4 线编码器符号图

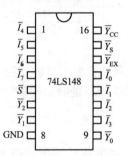

图 2-12　74LS148 编码器引脚图

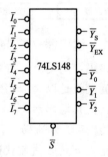

图 2-13　74LS148 编码器符号图

3）优先编码器

（1）二进制优先编码器（以 74LS148 为例）

74LS148 是一个 8 线-3 线二进制优先编码器。其引脚图如图 2-12 所示，逻辑符号图如图 2-13 所示。其功能是将 0～7 用三位二进制信息来表示。0 应该用 000 来表示，但是由于输出是低电平有效，所以应该用其反码 111 来表示，其它类同。其功能表如表 2-7 所示。

表 2-7　74LS148 功能表

输　　入									输　　出				
$\bar{S}$	$\bar{I_0}$	$\bar{I_1}$	$\bar{I_2}$	$\bar{I_3}$	$\bar{I_4}$	$\bar{I_5}$	$\bar{I_6}$	$\bar{I_7}$	$\bar{Y_2}$	$\bar{Y_1}$	$\bar{Y_0}$	$\bar{Y}_{EX}$	$\bar{Y}_S$
1	×	×	×	×	×	×	×	×	1	1	1	1	1
0	1	1	1	1	1	1	1	1	1	1	1	1	0
0	×	×	×	×	×	×	×	0	0	0	0	0	1
0	×	×	×	×	×	×	0	1	0	0	1	0	1
0	×	×	×	×	×	0	1	1	0	1	0	0	1
0	×	×	×	×	0	1	1	1	0	1	1	0	1
0	×	×	×	0	1	1	1	1	1	0	0	0	1
0	×	×	0	1	1	1	1	1	1	0	1	0	1
0	×	0	1	1	1	1	1	1	1	1	0	0	1
0	0	1	1	1	1	1	1	1	1	1	1	0	1

①$\overline{S}$（Selection 选择）为芯片选择信号，低电平有效，即低电平该芯片被选中工作。$\overline{Y_S}$为使能输出端，通常接至低位芯片的$\overline{S}$端，意思是当$\overline{Y_S}$为低电平时，该芯片的低位芯片被选中工作。$\overline{Y_{EX}}$为扩展输出端，是控制标志，$\overline{Y_{EX}}=0$ 表示是编码输出；$\overline{Y_{EX}}=1$ 表示不是编码输出。

②$\overline{I_7}\sim\overline{I_0}$为八个编码输入端，低电平有效。$\overline{I_7}$优先级别最高，$\overline{I_0}$优先级别最低。

③$\overline{Y_2}\sim\overline{Y_0}$为三位二进制代码输出端，低电平有效，即采用反码形式。

④ 功能总结。

当$\overline{S}=1$时，禁止编码器工作。此时不管编码输入端有无编码请求，输出$\overline{Y_2}\ \overline{Y_1}\ \overline{Y_0}=$ 111；$\overline{Y_S}=1$，此时低位芯片也不允许编码；$\overline{Y_{EX}}=1$，表示此时的输出$\overline{Y_2}\ \overline{Y_1}\ \overline{Y_0}=111$ 不是编码输出。

当$\overline{S}=0$时，该芯片被选中，可以编码。当输入端无编码请求时，此时$\overline{Y_S}=0$，低位芯片可以请求编码；$\overline{Y_{EX}}=1$，表示此时的输出$\overline{Y_2}\ \overline{Y_1}\ \overline{Y_0}=111$ 不是编码输出。当编码输入端有编码请求时，编码器按优先级别的高低，先给优先级别高的输入信号进行编码，此时$\overline{Y_S}=1$，低位芯片禁止编码；$\overline{Y_{EX}}=0$，此时的输出$\overline{Y_2}\ \overline{Y_1}\ \overline{Y_0}$从 000 到 111 是编码输出。

（2）二-十进制优先编码器（以 74LS147 为例 10 线-4 线）

符号图与引脚图如图 2-14、图 2-15 所示。其功能表如表 2-8 所示。

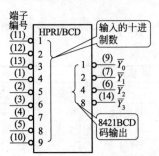

图 2-14　74LS147 编码器符号图

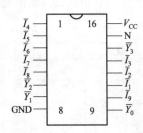

图 2-15　74LS147 编码器引脚图

表 2-8　74LS147 功能表

| 输　　入 | | | | | | | | | | 输　　出 | | | |
$\overline{I_9}$	$\overline{I_8}$	$\overline{I_7}$	$\overline{I_6}$	$\overline{I_5}$	$\overline{I_4}$	$\overline{I_3}$	$\overline{I_2}$	$\overline{I_1}$	$\overline{I_0}$	$\overline{Y_3}$	$\overline{Y_2}$	$\overline{Y_1}$	$\overline{Y_0}$
1	1	1	1	1	1	1	1	1	1	1	1	1	1
1	1	1	1	1	1	1	1	0	×	1	1	1	0
1	1	1	1	1	1	1	0	×	×	1	1	0	1
1	1	1	1	1	1	0	×	×	×	1	1	0	0
1	1	1	1	1	0	×	×	×	×	1	0	1	1
1	1	1	1	0	×	×	×	×	×	1	0	1	0
1	1	1	0	×	×	×	×	×	×	1	0	0	1
1	1	0	×	×	×	×	×	×	×	1	0	0	0
1	0	×	×	×	×	×	×	×	×	0	1	1	0
0	1	×	×	×	×	×	×	×	×	0	1	1	1

表 2-8 中列出了 10 个输入端$\overline{I_9}\sim\overline{I_0}$，4 个输出端$\overline{Y_3}\ \overline{Y_2}\ \overline{Y_1}\ \overline{Y_0}$。其输入与输出关系，同 74LS148；只不过表中多了两个输入端$\overline{I_8}$、$\overline{I_9}$。当$\overline{I_9}=0$，9 请求编码，其他任何输入端请求编码均无效，只给 9 编码，输出$\overline{Y_3}\ \overline{Y_2}\ \overline{Y_1}\ \overline{Y_0}$应该为 9 的反码 0110；当$\overline{I_9}=1$时，9

不请求编码，比 9 低的输入请求编码才有效，如 $\overline{I}_8=0$ 请求编码，才会对 8 进行编码，输出 $\overline{Y}_3\,\overline{Y}_2\,\overline{Y}_1\,\overline{Y}_0$ 应该为 8 的反码 0111。

2.2.3 译码器

译码是编码的逆过程，是将二进制代码翻译成原来表示的信息的过程。实现译码过程的逻辑电路，叫做译码器（Decoder）。常用的译码器有二进制译码器、二-十进制译码器和显示译码器三种。

1）二进制译码器（以 74LS138 为例）

74LS138 是 3 线-8 线二进制译码器。其引脚图与符号图如图 2-16、图 2-17 所示。其逻辑功能如表 2-9 所示。

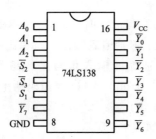

图 2-16　74LS138 译码器引脚图　　　　图 2-17　74LS138 译码器符号图

表 2-9　二进制译码器 74LS138 的功能表

| \multicolumn{5}{c}{输　　入} | | | | | \multicolumn{8}{c}{输　　出} | | | | | | | |
S_1	$\overline{S}_2+\overline{S}_3$	A_2	A_1	A_0	$\overline{Y}_0$	$\overline{Y}_1$	$\overline{Y}_2$	$\overline{Y}_3$	$\overline{Y}_4$	$\overline{Y}_5$	$\overline{Y}_6$	$\overline{Y}_7$
$\times$	1	$\times$	$\times$	$\times$	1	1	1	1	1	1	1	1
0	$\times$	$\times$	$\times$	$\times$	1	1	1	1	1	1	1	1
1	0	0	0	0	0	1	1	1	1	1	1	1
1	0	0	0	1	1	0	1	1	1	1	1	1
1	0	0	1	0	1	1	0	1	1	1	1	1
1	0	0	1	1	1	1	1	0	1	1	1	1
1	0	1	0	0	1	1	1	1	0	1	1	1
1	0	1	0	1	1	1	1	1	1	0	1	1
1	0	1	1	0	1	1	1	1	1	1	0	1
1	0	1	1	1	1	1	1	1	1	1	1	0

$$\overline{Y}_0=\overline{\overline{A}_2\,\overline{A}_1\,\overline{A}_0}=\overline{m_0} \qquad \overline{Y}_4=\overline{A_2\,\overline{A}_1\,\overline{A}_0}=\overline{m_4}$$

$$\overline{Y}_1=\overline{\overline{A}_2\,\overline{A}_1 A_0}=\overline{m_1} \qquad \overline{Y}_5=\overline{A_2\,\overline{A}_1 A_0}=\overline{m_5}$$

$$\overline{Y}_2=\overline{\overline{A}_2 A_1\,\overline{A}_0}=\overline{m_2} \qquad \overline{Y}_6=\overline{A_2 A_1\,\overline{A}_0}=\overline{m_6}$$

$$\overline{Y}_3=\overline{\overline{A}_2 A_1 A_0}=\overline{m_3} \qquad \overline{Y}_7=\overline{A_2 A_1 A_0}=\overline{m_7}$$

这里一定要记住 74LS138 译码器每一根输出线相当于对应编号取反。

2）二-十进制（BCD）译码器（又称 BCD 译码器）（以 74LS42 为例）

BCD 码有多种，对应着多种译码器，常用的是 8421BCD 译码器。

BCD 码译码器都有 4 个输入端，10 个输出端，常称之为 4-10 线译码器，也是一种唯一地址译码器。BCD 码译码器能将 BCD 代码转换成一位十进制数。

二-十进制译码器的输入编码是 BCD 码，需四根线组合来表示 0~9 十个数，输出有 10

根引线与输入 10 个 BCD 编码 0～9 相对应。74LS42 引脚图、符号图如图 2-18、图 2-19 所示。其真值表如表 2-10 所示。

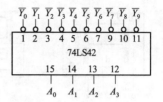

图 2-18　74LS42 译码器引脚图　　　　　　图 2-19　74LS42 译码器符号图

表 2-10　BCD 译码器 74LS42 的功能表

数码	BCD 输入				输　　出									
	A_3	A_2	A_1	A_0	$\overline{Y}_9$	$\overline{Y}_8$	$\overline{Y}_7$	$\overline{Y}_6$	$\overline{Y}_5$	$\overline{Y}_4$	$\overline{Y}_3$	$\overline{Y}_2$	$\overline{Y}_1$	$\overline{Y}_0$
0	0	0	0	0	1	1	1	1	1	1	1	1	1	0
1	0	0	0	1	1	1	1	1	1	1	1	1	0	1
2	0	0	1	0	1	1	1	1	1	1	1	0	1	1
3	0	0	1	1	1	1	1	1	1	1	0	1	1	1
4	0	1	0	0	1	1	1	1	1	0	1	1	1	1
5	0	1	0	1	1	1	1	1	0	1	1	1	1	1
6	0	1	1	0	1	1	1	0	1	1	1	1	1	1
7	0	1	1	1	1	1	0	1	1	1	1	1	1	1
8	1	0	0	0	1	0	1	1	1	1	1	1	1	1
9	1	0	0	1	0	1	1	1	1	1	1	1	1	1
无效数码	1	0	1	0	全部为 1									
	1	0	1	1										
	1	1	0	0										
	1	1	0	1										
	1	1	1	0										
	1	1	1	1										

有四个输入端：A_3、A_2、A_1、A_0，高电平有效；有十个输出端：$\overline{Y}_0 \to \overline{Y}_9$，分别对应于十进制数：0～9，低电平有效。

3）数码显示译码器（以集成显示译码器 74LS48 为例）

一般是将一种编码译成十进制码或特定的编码，并通过显示器件将译码器的状态显示出来；显示译码器框图如图 2-20 所示，数码显示译码器框图如图 2-21 所示。用于将数字仪表、计算机和其他数字系统中的测量结果、运算结果译成十进制显示出来。使用四位输入的原因是数码管要显示 0～9 十个数，8 和 9 分别输入 1000、1001。

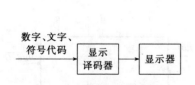

图 2-20　显示译码器框图

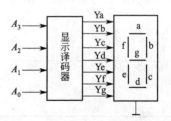

图 2-21　数码显示译码器框图

（1）数码显示器件

数码显示器件种类繁多，其作用是用以显示数字和符号。用于十进制数的显示，目前使用较多的是分段式显示器。如图 2-22 是七段显示器显示字段布局及字形组合。

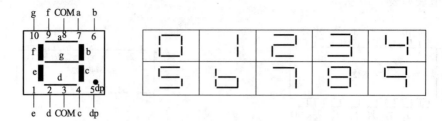

图 2-22　七段显示器显示字段布局及字形组合

七段显示器主要有荧光数码管和半导体显示器、液晶数码显示器。半导体（发光二极管）显示器是数字电路中比较方便使用的显示器。它有共阳极和共阴极两种接法，如图 2-23 所示。共阴极接法，显示数字"1"的电路如图 2-24 所示。

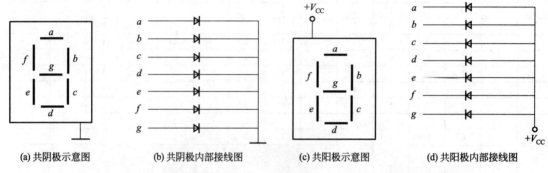

　(a) 共阴极示意图　　(b) 共阴极内部接线图　　(c) 共阳极示意图　　(d) 共阳极内部接线图

图 2-23　共阳极和共阴极两种接法电路图

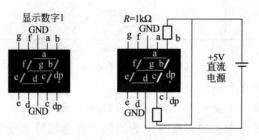

图 2-24　共阴极显示数字"1"的电路图

（2）集成显示译码器 74LS48（驱动共阴极数码管，即输出高电平点亮相应的笔划）
74LS48 引脚图与逻辑符号图如图 2-25、图 2-26 所示。

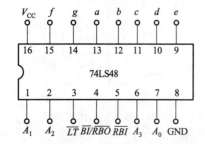

图 2-25　集成显示译码器 74LS48 引脚图

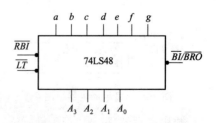

图 2-26　集成显示译码器 74LS48 逻辑符号图

74LS48 功能表如表 2-11 所示。

表 2-11　显示译码器 74LS48 的功能表

功能或十进制数	输入						输出								功能
	$\overline{LT}$	$\overline{RBI}$	A_3	A_2	A_1	A_0	$\overline{BI}/\overline{RBO}$	a	b	c	d	e	f	g	
$\overline{BI}/\overline{RBO}$(灭灯)	×	×	×	×	×	×	0(输入)	0	0	0	0	0	0	0	灭灯
$\overline{LT}$(试灯)	0	×	×	×	×	×	1	1	1	1	1	1	1	1	数码所有段均发光
$\overline{RBI}$(动态灭零)	1	0	0	0	0	0	0	0	0	0	0	0	0	0	灭零
0	1	1	0	0	0	0	1	1	1	1	1	1	1	0	
1	1	×	0	0	0	1	1	0	1	1	0	0	0	0	
2	1	×	0	0	1	0	1	1	1	0	1	1	0	1	
3	1	×	0	0	1	1	1	1	1	1	1	0	0	1	
4	1	×	0	1	0	0	1	0	1	1	0	0	1	1	
5	1	×	0	1	0	1	1	1	0	1	1	0	1	1	
6	1	×	0	1	1	0	1	0	0	1	1	1	1	1	显示
7	1	×	0	1	1	1	1	1	1	1	0	0	0	0	
8	1	×	1	0	0	0	1	1	1	1	1	1	1	1	
9	1	×	1	0	0	1	1	1	1	1	1	0	1	1	
10	1	×	1	0	1	0	1	0	0	0	1	1	0	1	
11	1	×	1	0	1	1	1	0	0	1	1	0	0	1	
12	1	×	1	1	0	0	1	0	1	0	0	0	1	1	
13	1	×	1	1	0	1	1	1	0	0	1	0	1	1	
14	1	×	1	1	1	0	1	0	0	0	1	1	1	1	
15	1	×	1	1	1	1	1	0	0	0	0	0	0	0	

① $\overline{BI}/\overline{RBO}$灭灯输入/灭零输出端：当$\overline{BI}/\overline{RBO}=0$ 时，无论其他输入端的状态如何，所有发光段均熄灭，不显示任何数字。

② $\overline{LT}$试灯输入信号，此信号用来测试七段数码管发光段好坏。当$\overline{BI}/\overline{RBO}=1$ 时，$\overline{LT}=0$，不论其他输入端状态如何，则七段全亮，说明数码管工作正常，每一段均能正常工作。

③ $\overline{RBI}$为灭零输入端，低电平有效。当$\overline{LT}=1$、$A_3A_2A_1A_0=0000$ 时，LED 显示器应显示数字 0。若使$\overline{RBI}=0$ 就会使这个零熄灭。其作用是将多余的 0 熄灭。

④ 当译码器工作时，$\overline{BI}=1$，$\overline{LT}=1$。

4）译码器的应用

（1）组成逻辑函数（适当使用与非门）

【例 2-6】用 74LS138 二进制译码器和适当使用与非门，实现函数 $Y=m_0+m_1+m_5$。

解：原式可写成 $Y=m_0+m_1+m_5=$

图 2-27　74LS138 译码器实现 $Y=m_0+m_1+m_5$

$\overline{\overline{m_5}\,\overline{m_1}\,\overline{m_0}}$，由于 74LS138 二进制译码器每一根输出线相当于对应编号取反。根据上面式子，可将 74LS138 二进制译码器接成如图 2-27 所示电路，就会实现 $Y=m_0+m_1+m_5$。

$$Y=\overline{A_2}\,\overline{A_1}\,\overline{A_0}+\overline{A_2}\,\overline{A_1}A_0+A_2\,\overline{A_1}\,A_0=m_0+m_1+m_5=\overline{\overline{m_5}\,\overline{m_1}\,\overline{m_0}}$$

（2）控制二极管的点亮

图 2-28 中 74LS138 控制发光二极管的点亮，输入 $A_2A_1A_0$ 不同的组合，会控制不同的二极管点亮。当输入 011 组合，就会控制 D3 二极管点亮，也就是相当于将 011 翻译成 3。

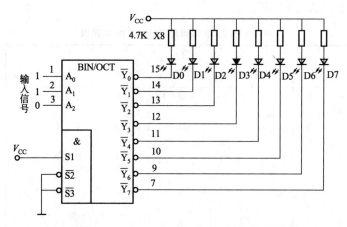

图 2-28　74LS138 对发光二极管的控制

（3）模拟信号多路转换的数字控制

如图 2-29 所示。当译码器输出无效时，开关相当于断开，模拟信号输入的 4 个信号 $u_0\sim u_3$ 哪个也不输出。当 A_1A_0 输入 00 时，与 u_0 相连的开关相当于接通，$u=u_0$；当 A_1A_0 输入 11 时，与 u_3 相连的开关相当于接通，$u=u_3$。

（4）计算机存储单元及输入输出接口

如图 2-30 所示。当译码器输出无效时，$\overline{Y}_0$、$\overline{Y}_1$、$\overline{Y}_2$、$\overline{Y}_3$ 输出均为高电平，每个控制门都关闭，单元中的信号就传不到计算机中。当 A_1A_0 中的输入 00～11 时，控制门从上到下依次打开，0～3 单元中的信号就会传到计算机中。

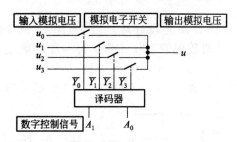

图 2-29　模拟信号多路转换的数字控制

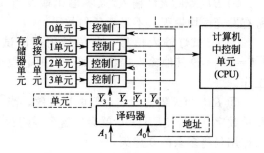

图 2-30　计算机存储单元及输入输出接口

技能训练 1　用 74LS138 设计与制作三人表决器

1）训练目的

① 学习数字电路中译码器的功能。

② 学习译码器的应用。

③ 学习译码器设计函数的步骤及制作及调试方法。

2）训练原理

$$\overline{Y}_0=\overline{\overline{A}_2\,\overline{A}_1\,\overline{A}_0}=\overline{m_0} \qquad \overline{Y}_4=\overline{A_2\,\overline{A}_1\,\overline{A}_0}=\overline{m_4}$$

$$\overline{Y}_1=\overline{\overline{A}_2\,\overline{A}_1 A_0}=\overline{m_1} \qquad \overline{Y}_5=\overline{A_2\,\overline{A}_1 A_0}=\overline{m_5}$$

$$\overline{Y}_2=\overline{\overline{A}_2 A_1\,\overline{A}_0}=\overline{m_2} \qquad \overline{Y}_6=\overline{A_2 A_1\,\overline{A}_0}=\overline{m_6}$$

$$\overline{Y}_3=\overline{\overline{A}_2 A_1 A_0}=\overline{m_3} \qquad \overline{Y}_7=\overline{A_2 A_1 A_0}=\overline{m_7}$$

74LS138 译码器每一根输出线相当于对应编号取反。比如 $\overline{Y}_0=\overline{m_0}$，$\overline{Y}_7=\overline{m_7}$ 等等。

3）训练内容

（1）三变量 A、B、C，表决结果为 Y，当两个或两个以上变量同意表决时，表决结果通过。

则 $Y=\overline{A}BC+A\overline{B}C+AB\overline{C}+AB\overline{C}+ABC=m_3+m_5+m_6+m_7=\overline{\overline{m_3}\ \overline{m_5}\ \overline{m_6}\ \overline{m_7}}$。

（2）用 74LS138 译码器实现三变量表决器，如图 2-31 所示。

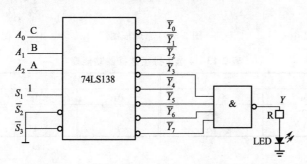

图 2-31　用 74LS138 译码器实现三变量表决器

4）训练结果

训练结果通过列表表示出来。Y 通过 0、1 表示出来，LED 亮表示 1、灭表示 0。三变量表决器结果填入表 2-12。

表 2-12　三变量表决器结果

输入			输出	输入			输出
A	B	C	Y	A	B	C	Y
0	0	0		1	0	0	
0	0	1		1	0	1	
0	1	0		1	1	0	
0	1	1		1	1	1	

5）训练结论

根据表 2-12 的结果可以得出结论，填入下面框内。

2.2.4　数据选择器

1）数据选择器原理

数据选择器的英文是 Multiplexer，用缩写 MUX 表示数据选择器（Multiplexer）。数据选择器的功能是，从多路数据中选择其中的一路输出。下面以四选一数据选择器为例。其原理示意图如图 2-32 所示。在图 2-32 中，当 K 与 S_0 接通时，D_0 数据送给 Y，即 $Y=D_0$；同理，K 与 S_3 接通时，$Y=D_3$，以此类推。这里数据 $D_0 \sim D_3$ 送给 Y 的条件是相应的开关接通。在计算机中的数据选择器数据的输出不能靠手动开关完成，而是靠数据选择端依次选择数据输出，每一种输出对应选择端的一种组合，所以四路数据就需要两路选择端 A_1A_0。四路数据选择器原理框图如图 2-33 所示。其功能表如表 2-13 所示。

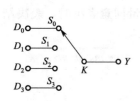

图 2-32　原理示意图

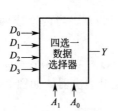

图 2-33　原理框图

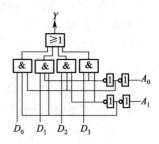

图 2-34　逻辑图

表 2-13　4 选 1 数据选择器功能表

选择输入		输　出	选择输入		输　出
A_1	A_0	Y	A_1	A_0	Y
0	0	D_0	1	0	D_2
0	1	D_1	1	1	D_3

逻辑表达式为：

$$Y = D_0 \overline{A_1}\ \overline{A_0} + D_1 \overline{A_1} A_0 + D_2 A_1 \overline{A_0} + D_3 A_1 A_0$$

按照该表达式就会画出 4 选 1 数据选择器的逻辑图如图 2-34 所示。

按照这种设计思想设计出的 4 选 1、8 选 1 数据选择器已做成集成电路。

2）典型数据选择器电路芯片（74LS153、74LS151）

（1）双 4 选 1 数据选择器（有选通输入）74LS153

74LS153 有两个功能完全相同的 4 选 1 数据选择器（有选通输入），引脚图如图 2-35 所示，逻辑符号图如图 2-36 所示。$D_0 \sim D_3$ 是数据端，Y 为输出端，数据端与输出端前面的 1、2 是为了区分两个数据选择器，芯片选通端有两个 $\overline{1ST}$、$\overline{2ST}$（Selection 选通），均为低电平有效，它们共用一个二位地址输入选择信号。

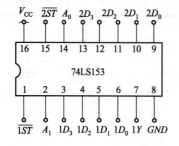

图 2-35　74LS153 引脚图

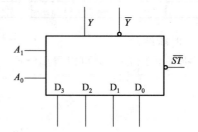

图 2-36　74LS153 逻辑符号图

74LS153 功能表如表 2-14 所示。

表 2-14　74LS153 4 选 1 数据选择器功能表

输　入							输出
选通输入端	选择输入端		输入数据				
$\overline{ST}$	A_1	A_0	D_0	D_1	D_2	D_3	Y
1	×	×	×	×	×	×	0
0	0	0	D_0	×	×	×	D_0
0	0	1	×	D_1	×	×	D_1
0	1	0	×	×	D_2	×	D_2
0	1	1	×	×	×	D_3	D_3

功能总结如下：

由于一片 74LS153 有两个 4 选 1 数据选择器，所以芯片选通端有两个 $\overline{1ST}$、$\overline{2ST}$（Selection 选通），均为低电平有效。即 $\overline{1ST}=0$ 时，芯片的第一个数据选择器被选中工作，处于工作状态；$\overline{1ST}=1$ 时芯片的第一个数据选择器被禁止工作，$1Y=0$。也就是当 $\overline{1ST}=0$ 时，根据不同的地址码 A_1A_0 选通相应的通道，且仅选通一路。芯片的第二个数据选择器工作情况同第一个数据选择器。当 $\overline{1ST}=1$ 时，呈现高阻态。

（2）8 选 1 数据选择器 74LS151，引脚图如图 2-37 所示，逻辑符号图如图 2-38 所示。

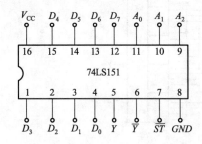

图 2-37 74LS151 引脚图

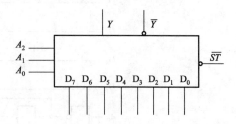

图 2-38 74LS151 逻辑符号图

其功能表如表 2-15 所示。

表 2-15 74LS151 8 选 1 数据选择器功能表

输入												输出
选通端	选择输入端			输入数据								
$\overline{ST}$	A_2	A_1	A_0	D_0	D_1	D_2	D_3	D_4	D_5	D_6	D_7	Y
1	×	×	×	×	×	×	×	×	×	×	×	0
0	0	0	0	D_0	×	×	×	×	×	×	×	D_0
0	0	0	1	×	D_1	×	×	×	×	×	×	D_1
0	0	1	0	×	×	D_2	×	×	×	×	×	D_2
0	0	1	1	×	×	×	D_3	×	×	×	×	D_3
0	1	0	0	×	×	×	×	D_4	×	×	×	D_4
0	1	0	1	×	×	×	×	×	D_5	×	×	D_5
0	1	1	0	×	×	×	×	×	×	D_6	×	D_6
0	1	1	1	×	×	×	×	×	×	×	D_7	D_7

功能总结如下：

选通控制端 $\overline{ST}$（Selection 选通）为低电平有效，即 $\overline{ST}=0$ 时芯片被选中，处于工作状态；$\overline{ST}=1$ 时，芯片被禁止，$Y=0$。也就是当 $\overline{ST}=0$ 时，根据不同的地址码 $A_2A_1A_0$ 选通相应的通道，且仅选通一路。

根据表 2-15 可以写出表达式：

$$Y=ST(\overline{A_2}\,\overline{A_1}\,\overline{A_0}D_0+\overline{A_2}\,\overline{A_1}A_0D_1+\overline{A_2}A_1\overline{A_0}D_2+\overline{A_2}A_1A_0D_3+A_2\,\overline{A_1}\,\overline{A_0}D_4+$$
$$A_2\,\overline{A_1}A_0D_5+A_2A_1\,\overline{A_0}D_6+A_2A_1A_0D_7)$$

根据表达式绘出如图 2-39 所示的逻辑图。

3）数据选择器的应用

（1）组成逻辑函数

【例 2-7】 用 74LS151 8 选 1 数据选择器实现函数 $Y=m_0+m_1+m_5$。

解：原式 $Y=m_0+m_1+m_5$

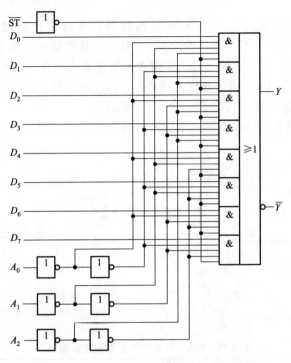

图 2-39　74LS151 8 选 1 数据选择器逻辑图

① 将该函数表达式填入以下卡诺图中。

A \ BC	00	01	11	10
0	1	1		
1		1		

② 将 8 选 1 数据选择器表达式

$$Y = ST(\overline{A_2}\,\overline{A_1}\,\overline{A_0}D_0 + \overline{A_2}\,\overline{A_1}A_0D_1 + \overline{A_2}A_1\,\overline{A_0}D_2 + \overline{A_2}A_1A_0D_3 +$$
$$A_2\,\overline{A_1}\,\overline{A_0}D_4 + A_2\,\overline{A_1}A_0D_5 + A_2A_1\,\overline{A_0}D_6 + A_2A_1A_0D_7)$$

当 $ST=1$ 时，即 $\overline{ST}=0$ 时芯片被选中，填入卡诺图中。

A₂ \ A₁A₀	00	01	11	10
0	D_0	D_1	D_3	D_2
1	D_4	D_5	D_7	D_6

③ 将 $\overline{ST}=0$，即接地处理。

④ 将 A_2、A_1、A_0 分别对应 A、B、C。将两个卡诺图进行对应，得 $D_0=D_1=D_5=1$，$D_2=D_3=D_4=D_6=D_7=0$。

根据上面式子，可将 74LS151 数据选择器接成如图 2-40 所示电路，就会实现 $Y=m_0+m_1+m_5$。

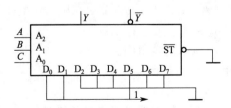

图 2-40　74LS151 数据选择器实现 $Y=m_0+m_1+m_5$

（2）数据选择器在智能小区的应用

数据选择器在智能小区的应用如图 2-41 所示。

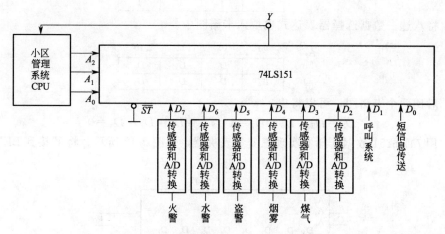

图 2-41　数据选择器在智能小区的应用

小区管理系统的 CPU 一直输出 000 到 111，此时 74LS151 数据选择器的各路输入从 D0 到 D7 就会依次输出到 Y，该输出又送给小区管理系统的 CPU。

技能训练 2　用 74LS151 设计与制作三人表决器

1）训练目的

① 学习数字电路中数据选择器的功能。

② 学习数据选择器的应用。

③ 学习数据选择器实现函数的设计与制作步骤及调试方法。

2）训练原理

数据选择器的表达式：

$$Y = ST(\overline{A_2}\,\overline{A_1}\,\overline{A_0}D_0 + \overline{A_2}\,\overline{A_1}A_0D_1 + \overline{A_2}A_1\,\overline{A_0}D_2 + \overline{A_2}A_1A_0D_3 +$$
$$A_2\,\overline{A_1}\,\overline{A_0}D_4 + A_2\,\overline{A_1}A_0D_5 + A_2A_1\,\overline{A_0}D_6 + A_2A_1A_0D_7)$$

选通控制端 $\overline{ST}$（Selection 选通）为低电平有效，即 $\overline{ST}=0$ 时芯片被选中，处于工作状态；$\overline{ST}=1$ 时，芯片被禁止，$Y=0$。

当 $\overline{ST}=0$ 时，$ST=1$，上式中 ST 可以不写。

$$Y = (\overline{A_2}\,\overline{A_1}\,\overline{A_0}D_0 + \overline{A_2}\,\overline{A_1}A_0D_1 + \overline{A_2}A_1\,\overline{A_0}D_2 + \overline{A_2}A_1A_0D_3 +$$
$$A_2\,\overline{A_1}\,\overline{A_0}D_4 + A_2\,\overline{A_1}A_0D_5 + A_2A_1\,\overline{A_0}D_6 + A_2A_1A_0D_7)$$

将该表达式填入卡诺图中。

A_2 \ A_1A_0	00	01	11	10
0	D_0	D_1	D_3	D_2
1	D_4	D_5	D_7	D_6

3）训练内容

（1）三变量 A、B、C，表决结果为 Y，当两个或两个以上变量同意表决时，表决结果通过。

则 $Y = \overline{A}BC + A\overline{B}C + AB\overline{C} + ABC = m_3 + m_5 + m_6 + m_7$。

（2）将上述表达式填入卡诺图中。

BC A	00	01	11	10
0			1	
1		1	1	1

（3）将八选一数据选择器表达式也填入卡诺图中。

A_1A_0 A_2	00	01	11	10
0	D_0	D_1	D_3	D_2
1	D_4	D_5	D_7	D_6

（4）对比两个卡诺图，可以得出：

$$D_3 = D_5 = D_6 = D_7 = 1, \quad D_0 = D_1 = D_2 = D_4 = 0$$

（5）用74LS151数据选择器实现三变量表决器，如图2-42所示。将 Y 接到LED发光二极管上。

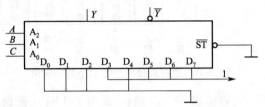

图2-42　用74LS151数据选择器实现三变量表决器

4）训练结果

训练结果通过列表表示出来。Y 通过0、1表示出来，而LED通过亮、灭表示出来。三变量表决器结果填入列表2-16所示。

表2-16　三变量表决器结果

输 入			输 出	
A	B	C	Y	LED
0	0	0		
0	0	1		
0	1	0		
0	1	1		
1	0	0		
1	0	1		
1	1	0		
1	1	1		

5）训练结论

根据表2-16的结果可以得出结论，填入下面框内。

2.2.5　数值比较器

能比较两个数大小的数字电路，叫数值比较器。数值比较器有一位数比较和多位数比较，这里以一位数值比较器为例，介绍其设计过程，由此给出四位集成数据选择器的功能。

1）1位数值比较器

设1位数值比较器输入1位二进制数为 A、B。当 A 大于 B 时，对应输出 $YA > B$ 为高电平；

当 $A<B$ 时，对应输出 $Y_{A<B}$ 为高电平；当 $A=B$ 时，对应输出 $Y_{A=B}$ 为高电平。由此可得其真值表如表 2-17 所示。

表 2-17　一位数值比较器真值表

输　　入		输　　出		
A	B	$Y_{A>B}$	$Y_{A<B}$	$Y_{A=B}$
0	0	0	0	1
0	1	0	1	0
1	0	1	0	0
1	1	0	0	1

根据真值表可得：

$$Y_{A>B}=A\overline{B} \qquad Y_{A=B}=AB+\overline{A}\,\overline{B}=\overline{\overline{AB}+A\overline{B}} \qquad Y_{A<B}=\overline{A}B$$

根据上述表达式画出的一位数值比较器的逻辑图如图 2-43 所示。

2）集成四位数值比较器 74LS85

74LS85 是四位数值比较器，图 2-44 是其引脚图，图 2-45 是其逻辑符号图，$P=A_4A_3A_2A_1$、$Q=B_4B_3B_2B_1$ 均为四位二进制数据；比较结果用 $Y(P>Q)$、$Y(P=Q)$、$Y(P<Q)$ 来表示。74LS85 真值表如表 2-18 所示。

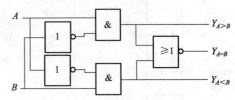

图 2-43　一位数值比较器的逻辑图

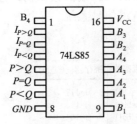

图 2-44　74LS85 引脚图

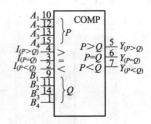

图 2-45　74LS85 逻辑符号图

表 2-18　74LS85 真值表

比　较　输　入				级　联　输　入			输　　出		
$A_4\ \ B_4$	$A_3\ \ B_3$	$A_2\ \ B_2$	$A_1\ \ B_1$	$I_{P>Q}$	$I_{P<Q}$	$I_{P=Q}$	$Y_{P>Q}$	$Y_{P<Q}$	$Y_{P=Q}$
$A_4>B_4$	$\times$	$\times$	$\times$	$\times$	$\times$	$\times$	1	0	0
$A_4<B_4$	$\times$	$\times$	$\times$	$\times$	$\times$	$\times$	0	1	0
$A_4=B_4$	$A_3>B_3$	$\times$	$\times$	$\times$	$\times$	$\times$	1	0	0
$A_4=B_4$	$A_3<B_3$	$\times$	$\times$	$\times$	$\times$	$\times$	0	1	0
$A_4=B_4$	$A_3=B_3$	$A_2>B_2$	$\times$	$\times$	$\times$	$\times$	1	0	0
$A_4=B_4$	$A_3=B_3$	$A_2<B_2$	$\times$	$\times$	$\times$	$\times$	0	1	0
$A_4=B_4$	$A_3=B_3$	$A_2=B_2$	$A_1>B_1$	$\times$	$\times$	$\times$	1	0	0
$A_4=B_4$	$A_3=B_3$	$A_2=B_2$	$A_1<B_1$	$\times$	$\times$	$\times$	0	1	0
$A_4=B_4$	$A_3=B_3$	$A_2=B_2$	$A_1=B_1$	1	0	0	1	0	0
$A_4=B_4$	$A_3=B_3$	$A_2=B_2$	$A_1=B_1$	0	1	0	0	1	0
$A_4=B_4$	$A_3=B_3$	$A_2=B_2$	$A_1=B_1$	0	0	1	0	0	1

八位数值比较器由两个 74LS85 四位数值比较器级联构成，如图 2-46 所示。

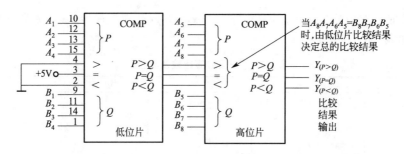

图 2-46　两个 74LS85 四位数值比较器级联构成八位数值比较器

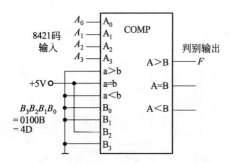

图 2-47　74LS85 构成四舍五入电路

3）数据比较器的应用

（1）四舍五入电路

74LS85 构成四舍五入电路如图 2-47 所示。

$B_3B_2B_1B_0 = 0100B = 4D$，当 $A_3A_2A_1A_0 > B_3B_2B_1B_0$ 时，输出 $F=1$，否则 $F=0$，若把 F 当作进位，则该电路可实现四舍五入。

（2）中断优先判断电路

74LS85 构成中断优先判断电路如图 2-48 所示。

优先权编码器首先将外部中断请求信号排队，需要紧急处理的请求一般级别最高，优先权编码器把对应的输入位编成三位二进制作为比较器的输入，比较器的另一端的数据输入连到现行状态寄存器的输出端，接收的数据是计算机正在处理的中断请求信号系统。

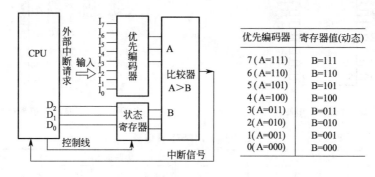

图 2-48　74LS85 构成中断优先判断电路

如果比较器 $A>B=1$，表示当前的中断请求对象级别比现行处理的事件级别高，计算机必须暂停当前的事件处理转而响应新的中断请求。

如果 $A>B=0$，则表示中断请求对象级别比现行处理的事件级别低，比较器不发出中断信号，直到计算机处理完当前的事件后再将现行状态寄存器中的状态清除，转向为别的低级中断服务。

2.2.6　加法器

1）半加及半加器

所谓半加就是加数和被加数两者相加，实现半加操作的逻辑电路，叫半加器。

第 i 位的被加数 A_i、加数 B_i，和为 S_i，进位为 C_i。半加器真值表如表 2-19 所示。

表 2-19 半加器真值表

输 入		输 出	
A_i	B_i	S_i	C_i
0	0	0	0
0	1	1	0
1	0	1	0
1	1	0	1

由真值表可得：

$$S_i = \overline{A}_i B_i + A_i \overline{B}_i$$

$$C_i = A_i B_i$$

根据上表达式可画出如图 2-49（a）所示的逻辑图。一般半加器用图 2-49（b）逻辑符号来表示。

实际上，半加及半加器没有实际意义。真

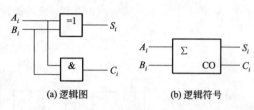

(a) 逻辑图　　(b) 逻辑符号

图 2-49 半加器的逻辑图和逻辑符号图

正意义上的加法，除了加数和被加数两者相加外，还必须包括来自于低一位的进位位三者相加，也就是全加。

2）全加器

实现加数、被加数和低位来的进位信号相加的逻辑电路，叫全加器。第 i 位的被加数 A_i、加数 B_i 及来自于低一位的进位信号 C_{i-1}，和为 S_i，进位为 C_i。全加器真值表如表 2-20 所示。

表 2-20 全加器真值表

输 入			输 出	
A_i	B_i	C_{i-1}	S_i	C_i
0	0	0	0	0
0	0	1	1	0
0	1	0	1	0
0	1	1	0	1
1	0	0	1	0
1	0	1	0	1
1	1	0	0	1
1	1	1	1	1

据表可得 S_i 和 C_i 的逻辑表达式：

$$S_i = \overline{A}_i \overline{B}_i C_{i-1} + \overline{A}_i B_i \overline{C}_{i-1} + A_i \overline{B}_i \overline{C}_{i-1} + A_i B_i C_{i-1}$$
$$= C_{i-1}(\overline{A}_i \overline{B}_i + A_i B_i) + \overline{C}_{i-1}(\overline{A}_i B_i + A_i \overline{B}_i)$$
$$= A_i \oplus B_i \oplus C_{i-1}$$
$$C_i = \overline{A}_i B_i C_{i-1} + A_i \overline{B}_i C_{i-1} + A_i B_i \overline{C}_{i-1} + A_i B_i C_{i-1}$$
$$= C_{i-1}(\overline{A}_i B_i + A_i \overline{B}_i) + A_i B_i(\overline{C}_{i-1} + C_{i-1})$$
$$= C_{i-1}(A \oplus B) + A_i B_i$$

根据表达式可画出图 2-50（a）逻辑图。一位二进制全加器用逻辑符号如图 2-50（b）表示。

四个两位二进制全加器级联就会构成四位二进制全加器，如图 2-51 所示。

3）集成四位全加器 74LS283

集成四位全加器 74LS283 的引脚图如图 2-52 所示，逻辑符号如图 2-53 所示。

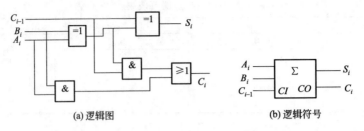

(a) 逻辑图 (b) 逻辑符号

图 2-50 全加器的逻辑图及逻辑符号图

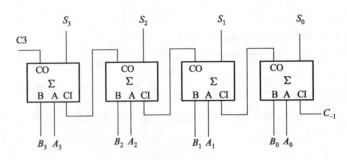

图 2-51 四位二进制全加器

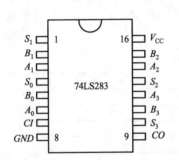

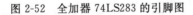

图 2-52 全加器 74LS283 的引脚图

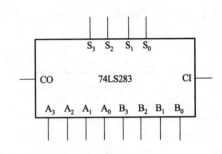

图 2-53 全加器 74LS283 的逻辑符号图

项目制作 编码、译码、显示电路的设计与制作

1）项目目的

①掌握编码器、译码器、显示器的连接方法和工作原理。

②掌握 74LS147 集成编码器、74LS138 集成译码器、74LS47BCD 七段译码驱动器、LC5011 数码显示器的使用、引脚定义及测量方法。

2）项目器材

① 数字电子实验箱　　　　　　　　　1 台

② 万用表　　　　　　　　　　　　　1 个

③ 74LS147 集成 BCD 编码器　　　　 1 个

④ 74LS138 集成译码器　　　　　　　1 个（3 线-8 线译码器）

⑤ 74LS47BCD 七段译码驱动器　　　 1 个（驱动共阳极数码管）

⑥ 数码显示器　　　　　　　　　　　1 个（共阳极数码管）

⑦ 发光二极管　　　　　　　　　　　8 个

⑧ 与非门 74LS20　　　　　　　　　　2 个

⑨ 按钮开关　　　　　　　　　　　10 个
⑩ 六非门 74LS04　　　　　　　　 1 个
⑪ 导线　　　　　　　　　　　　　若干

3）项目步骤

（1）元器件介绍

① 74LS147 10 线-4 线 BCD 优先编码器测试。74LS147 的 $\overline{I}_0 \sim \overline{I}_9$ 为数据输入端（低电平有效），$\overline{Y}_3\,\overline{Y}_2\,\overline{Y}_1\,\overline{Y}_0$ 为编码输出端（低电平有效）。74LS147 编码器的引脚排列图见图 2-54。

② 74LS47 为七段共阳极译码器/驱动器，74LS47 用来驱动共阳极的数码管，其引脚排列如图 2-55 所示，功能表如表 2-21 所示。74LS47 的输出为低电平有效，即输出为 0 时，对应字段点亮；输出为 1 时对应字段熄灭。该译码显示器能够驱动七段显示器显示 0～9 及 A～F 共 16 个数字的字形。输入端 A_3、A_2、A_1、A_0 接受 4 位二进制码，输出端 13、12、11、10、9、15 和 14 分别驱动七段显示器的 a、b、c、d、e、f、g 段。

表 2-21　74LS47 功能表

数 字	输 入						BI/RBO	输 出						
	LT	RBI	D	C	B	A		a	b	c	d	e	f	g
0	H	H	L	L	L	L	H	L	L	L	L	L	L	H
1	H	X	L	L	L	H	H	H	L	L	H	H	H	H
2	H	X	L	L	H	L	H	L	L	H	L	L	H	L
3	H	X	L	L	H	H	H	L	L	L	L	H	H	L
4	H	X	L	H	L	L	H	H	L	L	H	H	L	L
5	H	X	L	H	L	H	H	L	H	L	L	H	L	L
6	H	X	L	H	H	L	H	H	H	L	L	L	L	L
7	H	X	L	H	H	H	H	L	L	L	H	H	H	H
8	H	X	H	L	L	L	H	L	L	L	L	L	L	L
9	H	X	H	L	L	H	H	L	L	L	H	H	L	L
10	H	X	H	L	H	L	H	H	H	H	L	L	H	L
11	H	X	H	L	H	H	H	H	H	L	L	H	H	L
12	H	X	H	H	L	L	H	H	L	H	H	H	L	L
13	H	X	H	H	L	H	H	L	H	H	L	H	L	L
14	H	X	H	H	H	L	H	H	H	H	L	L	L	L
15	H	X	H	H	H	H	H	H	H	H	H	H	H	H
全亮	X	X	X	X	X	X	L							
全亮	H	L	L	L	L	L	L	H	H	H	H	H	H	H
全灭	L	X	X	X	X	X	H	L	L	L	L	L	L	L

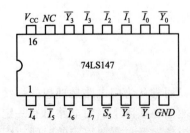

图 2-54　74LS147 引脚排列

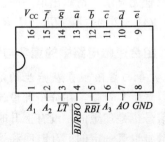

图 2-55　74LS47 引脚排列

③ LT 为灯测试信号输入端，可测试出所有的输出信号；RBI 为消隐输入端，用来控

制发光显示器的亮度或禁止译码器输出；BI/RBO 为消隐输入或串行消隐输出端，具有自动熄灭所显示的多位数字前后不必要零位的功能，在进行灯测试时，BI/RBO 信号为高电平。

④ 六非门 74LS04，其引脚排列图见图 2-56 所示。

⑤ 共阳极数码管引脚排列及原理图如图 2-57 所示。

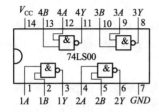

图 2-56　74LS04 六非门引脚排列

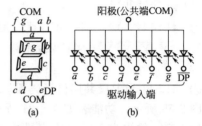

图 2-57　共阳极数码管引脚排列

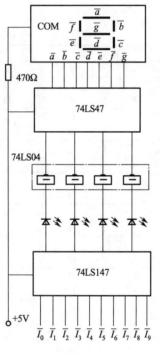

图 2-58　译码、编码、显示电路原理图

（2）将 74LS147 的输入端分别与十个按钮开关相接，按钮开关的另一端与地相接，74LS147 的输出端分别接四个发光二极管的阴极，三个发光二极管的阳极统一接到 +5V 电源上。然后分别按下输入端的十个按钮开关，给输入端输入信号，观察输出端发光二极管的电量情况，是否与输入信号编码相一致。然后根据所观测到的情况，自行画出连接电路图，并编写 74LS147 的功能表。

（3）将 74LS147、74LS04、74LS47 和数码管按照图 2-58 所示的电路进行连接，组成译码、编码、显示电路。

（4）利用开关控制 74LS147 输入端的状态，观察 4 个发光二极管的发光状态，再观察 7 段数码显示管所显示的数字是否与输入信号一致，从而验证 74LS147、74LS47 的逻辑功能。

4）项目报告

（1）绘制各个环节的电路图，简要说明各个环节的作用。

（2）根据所测试的各个环节的现象说明其逻辑功能。

（3）分析实训中出现的问题及说明解决问题的方法。

5）思考题

（1）如何测试一个数码管的好坏？

（2）将译码器、编码器和七段显示器连接起来，接通电源后数码管显示 0，试通过设计去掉 0 显示，使在没有数据输入时，数码管无显示，请画出电路图。

（3）74LS47 的管脚 LT、BI/RBO、RBI 功能是什么？

2.2.7　组合逻辑电路中的竞争与冒险

1）竞争与冒险现象及产生的原因

（1）竞争与冒险：在分析和设计组合逻辑电路时，通常认为门电路是理想的，没有延迟时间，信号也是理想的，没有上升时间和下降时间，然而在实际上，门电路总有一定的延迟时间，信号也有一定的上升时间和下降时间，其经导线传输后也需要一定的时间。因此，组合逻辑电路工作时，其输出端就可能出现正的或负的尖峰干扰脉冲，从而影响了电路的正常工作，通常称这种现象为竞争与冒险。

【**例 2-8**】　图 2-59 逻辑门电路，给定 A 的波形，分析 Y 的结果。

按理想情况分析：$Y=A\overline{A}=0$，但是，由于 G_1 门的延迟，导致得到的 $\overline{A}$ 波形延迟，从而使 $Y=A\overline{A}$ 本应等于 0，结果有时不等于 0，出现了正向尖峰干扰脉冲，波形图如图 2-60 所示。

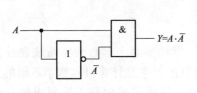

图 2-59　逻辑门电路

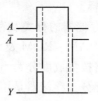

图 2-60　正向干扰脉冲波形图

【**例 2-9**】　图 2-61 逻辑门电路，给定 A 的波形，分析 Y 的结果。

分析：按理想情况分析：$Y=A+\overline{A}=1$，但是，由于 G_1 门的延迟，导致得到的 $\overline{A}$ 波形延迟，从而使 $Y=A\overline{A}$ 本应等于 0，结果有时不等于 0，出现了正向尖峰干扰脉冲，波形图如图 2-62 所示。

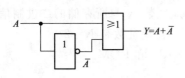

图 2-61　逻辑门电路

图 2-62　负向干扰脉冲波形图

（2）竞争：在组合逻辑电路中，同一个门的两个互补输入信号，由于它们在此前通过不同数目的门，经过不同长度导线的传输，到达门输入端的时间会有先有后，这种现象称为竞争。

（3）在组合逻辑电路中，因输入端的竞争而导致在输出端产生错误，即输出端产生不应有的尖峰干扰脉冲现象称为冒险。

2）判断竞争冒险

在一定的条件下输出逻辑函数可简化成 $Y=A\overline{A}$，或者 $Y=A+\overline{A}$ 的形式时，则此组合逻辑电路必然存在竞争冒险现象。门电路的延迟时间是组合逻辑电路产生竞争冒险的根源。

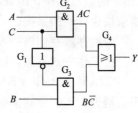

图 2-63　组合逻辑电路

【**例 2-10**】　试判断图 2-63 所示组合逻辑电路是否会出现竞争冒险现象？

分析：组合逻辑电路的输出逻辑函数 $Y=AC+B\overline{C}$，当 $A=1$，$B=1$ 时，$Y=C+\overline{C}$，会出现负向尖脉冲干扰，存在竞争冒险现象。

3）消除冒险现象的方法

（1）加封锁脉冲。在输入信号产生竞争冒险的时间内，引入一个脉冲将可能产生尖峰干扰脉冲的门封锁住。封锁脉冲应在输入信号转换前到来，转换结束后消失。

（2）加选通脉冲。对输出可能产生尖峰干扰脉冲的门电路增加一个接选通信号的输入端，只有在输入信号转换完成并稳定后，才引入选通脉冲将它打开，此时才允许有输出。在转换过程中，由于没有加选通脉冲，因此，输出不会出现尖峰干扰脉冲。

（3）接入滤波电容。由于尖峰干扰脉冲的宽度一般都很窄，在可能产生尖峰干扰脉冲的门电路输出端与地之间接入一个容量为几十皮法的电容就可吸收掉尖峰干扰脉冲。

（4）修改逻辑设计。

2.3 集成存储器

【学习目标】
① 了解存储器的分类及存储容量。
② 学习 RAM、ROM 及 PLA 的作用。

集成电路按集成度分为 SSI、MSI、LSI、VLSI。存储器是大多数数字系统和计算机中不可缺少的部分。存储器是用来存放数据、指令等信息的，它是计算机和数字系统的重要组成部分。集成存储器属于大规模集成电路（LSI）。用半导体集成电路工艺制成的存储数据信息的固态电子器件，简称半导体存储器。

存储器由许多存储元件构成，每一个存储元件可以存放一位二进制数，又称为存储元。若干个存储元组成一个存储单元，一个存储单元可以存放一个存储字或多个字节。为了方便存储器中信息的读出和写入，必须将大量的存储单元区分开，即将它们逐一进行编号。存储单元的编号称为存储单元地址，简称为地址。

存储器的存储容量和存储时间是反映其性能的两个重要指标。存储容量是指它所能容纳的二进制信息量。存储器的存储容量等于存储单元的地址数 N 与所存储的二进制信息的位数 M 之积。如果存储器地址的二进制数有 n 位，则存储器地址数是 $N=2^n$。

按照内部信息的存取方式，存储器通常可以分为 RAM 和 ROM。

2.3.1 随机存储器 RAM

随机存取存储器（Random Access Memory，RAM）用于存放二进制信息（数据和运算的中间结果等）。它可以在任意时刻，对任意选中的存储单元进行信息的存入（写）或取出（读）的信息操作，因此称为随机存取存储器。随机存储器主要用于组成计算机主存储器等要求快速存储的系统。

随机存取存储器一般由存储矩阵、地址译码器、片选控制和读/写控制电路等组成。

按工作方式不同，随机存储器又可分为静态（SRAM）和动态（DRAM）两类。

SRAM（Static RAM）的特点是工作速度快，只要电源不撤除，写入 SRAM 的信息就不会消失，不需要刷新电路，同时在读出时不破坏原来存放的信息，一经写入可多次读出，但集成度较低，功耗较大。SRAM 一般用来作为计算机中的高速缓冲存储器（Cache）。

DRAM（Dynamic Random Access Memory）：DRAM 是动态随机存储器，需要不断地刷新来保存数据，而且行列地址复用。因此，采用 DRAM 的计算机必须配置动态刷新电路，防止信息丢失。DRAM 一般用作计算机中的主存储器。

DRAM 的成本、集成度、功耗等明显优于 SRAM。

2.3.2 只读存储器 ROM

ROM 用来存储长期固定的数据或信息，如各种函数表、字符和固定程序等。其单元只有一个二极管或三极管。一般规定，当器件接通时为"1"，断开时为"0"，反之亦可。若在设计只读存储器掩模版时，就将数据编写在掩模版图形中，光刻时便转移到硅芯片上。这样制备成的称为掩模只读存储器。这种存储器装成整机后，用户只能读取已存入的数据，而不能再编写数据。其优点是适合于大量生产。但是，整机在调试阶段，往往需要修改只读存储器的内容，比较费时、费事，很不灵活。

ROM 主要由地址译码器、存储矩阵及输出缓冲器组成，如图 2-64 所示。存储矩阵是存

放信息的主体，它由许多存储元排列而成，每个存储
元存放一位二进制数。$A_0 \sim A_{n-1}$ 是地址译码器的输入
端，地址译码器共有 $W_0 \sim W_{2n-1}$ 个输出端。输出缓冲
器是 ROM 的数据读出电路，通常用三态门构成，它
可以实现对输出端的控制，而且还可以提高存储器的
带负载能力。

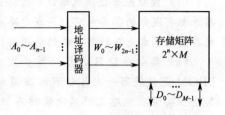

ROM 中存放的数据不能改写，只能在生产器件
时将需要的数据存放在器件中。由于不同场合需要的
数据各不相同，就给这种器件的大规模生产带来了一定困难。

图 2-64　只读存储器 ROM 的结构

2.3.3　可编程只读存储器 PROM

可编程只读存储器 PROM 是一种通用器件，在封装出厂前，存储单元中的内容全为
"1"（或全为 "0"）。用户可以根据自己的需要，借助一定的编程工具，通过编程的方法将某
些单元的内容改为 "0"（或 "1"）。但只能写一次，一经写入就不能更改，也就是说经过编
程后的芯片只能读出，不能写入。

2.3.4　紫外线可擦除 EPROM

EPROM 的另外一种广泛使用的存储器。EPROM 可以根据用户要求写入信息，从而长
期使用。当不需要原有信息时，也可以擦除后重写。若要擦去所写入的内容，可用 EPROM
擦除器产生的强紫外线，对 EPROM 照射 20min 左右，使全部存储单元恢复 "1"，以便用
户重新编写。

常用的 EPROM2716、2732、…27512，即标号为 $27 \times \times \times \times$ 的芯片都是 EPROM。实
训中使用的 2764 就属于这一类型。

2.3.5　可编程逻辑阵列 PLA

可编程逻辑器件（PLD）是 20 世纪 80 年代发展起来的新型器件，是一种由用户根据自
己的需要来编程完成逻辑功能的器件。

可编程逻辑阵列 PLA 是可编程逻辑器件的一种，主要由译码器和存储阵列构成，是一
个与或阵列。PLA 的与阵列和或阵列都是可编程的，PLA 能用较少的存储单元存储较多的
信息。

用 PLA 除了可以存储信息外，还可以实现组合逻辑电路的设计。

（1）组合逻辑电路的输出只与该时刻的输入有关，而与上一时刻的输出无关，电路没有
记忆功能。

（2）组合电路的分析是根据给出逻辑电路图，写出表达式，再填入真值表，最后总结分
析出该电路的逻辑功能。

（3）组合逻辑电路的设计是根据给出逻辑功能，设置变量及函数，填入真值表，写出表
达式，通过公式法化简成最简逻辑表达式；或者直接根据设置，填写卡诺图，通过卡诺图法
化简得到最简逻辑表达式；最后根据逻辑表达式画出逻辑电路图。

（4）按照组合逻辑电路设计方法设计的编码器、译码器、数据选择器、数据比较器、加法器等都有现成的集成电路。集成电路的真值表是描述该集成电路功能和使用方法的根本文件，尤其是对集成电路的使能端的运用有很大的技巧性，可以利用使能端来扩展电路的逻辑功能。

（5）集成存储器是大规模集成电路。对用户而言，ROM 是只能读不能写的存储器，PROM 是只能写一次再也不能改写的只读存储器，EPROM 是可以用专用设备进行反复擦写、但安装在电路上时只能读的存储器，PLA 是可以反复编程，充分利用存储器空间扩大存储容量，并可以方便地改变电路的逻辑功能的存储器。用 PLA 可以实现组合逻辑电路的设计，有些品种可以实现在线编程。

2-1　分析下面逻辑电路图的逻辑功能（图 2-65）。

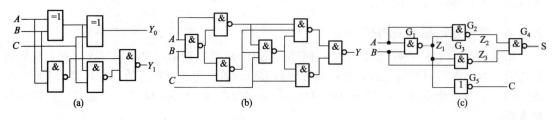

图 2-65　习题 2-1 图

2-2　A、B、C 表示电梯上行、下行、停止的逻辑信号，设取 1 时有效；Y 表示电梯运行情况，$Y=1$ 表示电梯运行中；$Y=0$ 表示电梯停止，试分别用与非门、74LS138、74LS151 实现。

2-3　三个工厂由甲、乙两个变电站供电。若一个工厂用电，由甲变电站供电；若两个工厂用电，由乙变电站供电；若三个工厂同时用电，则由甲、乙两个变电站同时供电。设计一个供电控制电路，试分别用与非门、74LS138、74LS151 实现。

2-4　在十字路口有红、绿、黄三色交通信号灯，规定红灯亮停，绿灯亮行，黄灯亮稍等，任何时刻都只能有一盏灯点亮，即：有三种情况是正常情况；如果出现其它五种情况，就会发生故障报警，提醒工人师傅修理。试设计故障报警与三色信号灯之间逻辑关系的逻辑电路图。试分别用与非门、74LS138、74LS151 实现。

2-5　有一个火警报警系统，设有烟感、温感、紫外光感三种不同类型的火警探测器。为了防止误报警，只有当其中的两种或两种以上类型的探测器发出火警探测信号时，报警系统才产生火警报警信号，试设计产生报警控制信号的电路。试分别用与非门、74LS138、74LS151 实现。

2-6　试用 74LS138 实现下列逻辑函数：

1. $Y=\overline{A}BC+A\overline{B}\,\overline{C}+A\overline{B}C$

2. $Y=\overline{A}BC+A\overline{B}C+ABC$

3. $Y=\overline{A}B+\overline{B}C+AC$

4. $Y=\overline{A}C+BC+A\overline{C}$

5. $Y=\sum m(0,2,5,7)$

2-7 试用 74LS151 实现逻辑函数。

1. $Y=\overline{A}BC+\overline{B}\,\overline{C}+A\,\overline{B}C$

2. $Y=\overline{A}B+\overline{B}C+AC$

3. $Y=\overline{A}BCD+A\,\overline{B}\,\overline{C}+A\,BC\,\overline{D}+\overline{A}\,\overline{B}\,\overline{C}\,\overline{D}+A\,\overline{C}D$

4. $Y=\sum m(0,2,3,5,7)$

5. $Y=\sum m(1,5,6,7,9,11,12,13,14)$

6. $Y=\sum m(0,2,4,6,7,11,12,15)$

2-8 试用四位二进制集成加法器，设计一个将 8421BCD 码转换成余三码的电路。

试用 3 线-8 线译码器及门电路实现全加器。

2-9 试写出图 2-66 所示电路的最简与或表达式。

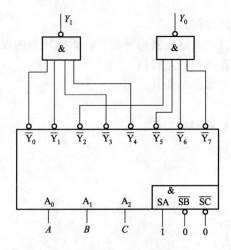

图 2-66 习题 2-9 图

2-10 试设计一个一位全减器电路。设 A_i 为被减数，B_i 为减数，J_{i-1} 为低位向本位的借位数，J_i 为本位向高位的借位数，Y_i 为本位的输出。

2-11 试用门电路实现三变量奇校验电路，即输入奇数个 1 时，输出为 1，否则为零。

项目 3　抢答器的设计与制作

【项目目标】

学生通过学习触发器构成的抢答器，让学生们深刻理解触发器能实现二进制数的存储功能，这是组合逻辑电路器件所不具有的。同时，了解触发器的触发方式，掌握触发器的概念及作用。

【知识目标】

① 掌握触发器的概念及作用。

② 了解触发器的触发方式及触发器的分类。熟悉触发器的表达方式。

③ 能根据需要将触发器进行相互转换。

④ 掌握常用的集成触发器的功能及应用。

【能力目标】

① 能用多种方式表示触发器的功能。

② 能进行触发器间的相互转换。

3.1　触　发　器

【学习目标】

① 掌握触发器的概念及作用，了解触发器的触发方式及触发器的分类。

② 理解触发器的 0 态、1 态，现态、次态，通过分析进一步掌握触发器的特点。

③ 掌握基本 RS 触发器的功能及表达方法。在此基础上掌握 D、JK、T、T′的功能及表达方法。

3.1.1　触发器概述

（1）触发器的概念：在各种复杂的数字电路中，不但需要对二进制（0，1）信号进行算术运算和逻辑运算（门电路），还经常需要将这些信号和运算结果保存起来。为此，需要使用具有记忆功能的基本逻辑单元。能够存储 1 位二进制信号的基本单元电路统称触发器。基本触发器的逻辑符号如图 3-1 所示。

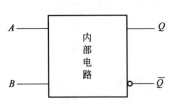

图 3-1　基本触发器逻辑符号

（2）触发器的"0 态"、"1 态"：信号输出端，$Q=0$、$\bar{Q}=1$ 的状态称"0 态"，$Q=1$、$\bar{Q}=0$ 的状态称"1 态"。

（3）触发器的"现态"和"次态"

现态：触发器接收输入信号之前的状态叫做现态，用 Q^n 表示。

次态：触发器接收输入信号之后的状态叫做次态，用 Q^{n+1} 表示。

（4）触发器分类：按电路结构分为基本、同步、主从、边沿触发器；按逻辑功能分为 RS、JK、D 和 T 触发器和 T′触发器；按触发方式分为电平、脉冲和边沿触发器等。

（5）触发器的认知顺序：如图 3-2 所示。

图 3-2　认知触发器的顺序

（6）触发器的应用：触发器是数字电路中的一种基本单元，它与门电路配合，能构成各种各样的时序逻辑部件，如计数器、寄存器、序列信号发生器等。

（7）触发器的特点：①两个互补的输出端 Q 和 $\bar{Q}$；②"0"和"1"两个稳态；③触发器翻转的特性；④记忆能力。

3.1.2　基本 RS 触发器

基本 RS 触发器是构成其它各种触发器最基本的单元。

1）逻辑图与逻辑符号

如图 3-3(a)、（b）所示。R—Reset 复位端；S—Set 置位端。

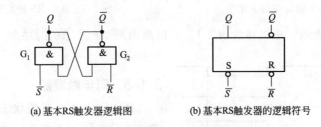

(a) 基本RS触发器逻辑图　　　　(b) 基本RS触发器的逻辑符号

图 3-3　逻辑图与逻辑符号

2）逻辑功能分析

（1）$\bar{R}=1$，$\bar{S}=0$ 时：不论原来 Q 为 0 还是 1，都有 $Q=1$；再由 $\bar{R}=1$、$Q=1$ 可得 $\bar{Q}=0$。即不论触发器原来处于什么状态都将变成 1 态，这种情况称将触发器置 1 或置位。$\bar{S}$ 端称为触发器的置 1 端或置位端。

（2）$\bar{R}=0$，$\bar{S}=1$ 时：不论原来 Q 为 0 还是 1，都有 $\bar{Q}=0$；再由 $\bar{S}=1$、$\bar{Q}=1$ 可得 $Q=0$。即不论触发器原来处于什么状态都将变成 $0'$ 态，这种情况称将触发器置 0 或复位。$\bar{R}$ 端称为触发器的置 0 端或复位端。

（3）$\bar{R}=1$，$\bar{S}=1$ 时：根据与非门的逻辑功能不难推知，触发器保持原有状态不变，即原来的状态被触发器存储起来，这体现了触发器具有记忆能力。

（4）$\bar{R}=0$，$\bar{S}=0$ 时：$Q=\bar{Q}=1$，违反了 Q 与 $\bar{Q}$ 应相反的逻辑关系。并且由于与非门延迟时间不可能完全相等，在两输入端的 0 同时撤除后，将不能确定触发器是处于 1 态，还是 0 态。所以触发器不允许出现这种情况，这就是基本 RS 触发器的约束条件。

3）几种表达方法

（1）"特性表"表示：将上述分析结果填入特性表中（表 3-1）。

表 3-1　基本 RS 触发器的特性表

$\bar{R}$	$\bar{S}$	Q^n	Q^{n+1}	说明	$\bar{R}$	$\bar{S}$	Q^n	Q^{n+1}	说明
0	0	0 1	不定态	不允许	1	0	0 1	1 1	置1
0	1	0 1	0 0	置0	1	1	0 1	0 1	保持

功能总结：0、1 置零，1、0 置 1；全零非法，全 1 保持。

（2）"卡诺图"表示：将表 3-1 基本 RS 触发器特性表填入图 3-4 所示的卡诺图中。

（3）"特性方程"表示：将图 3-4 的卡诺图进行化简后，得到如下的基本 RS 触发器的特性方程。

$$\begin{cases} Q^{n+1}=S+\bar{R} \cdot Q^n \\ \bar{R}+\bar{S}=1 \text{ 或 } RS=0 \text{（约束条件）} \end{cases}$$

（4）"状态图"表示：将特性表 3-1 填入图 3-5 所示的状态图中。

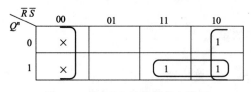

图 3-4　基本 RS 触发器的卡诺图

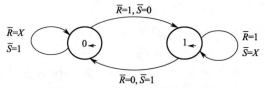

图 3-5　基本 RS 触发器的状态图

（5）"时序图"表示：根据特性表 3-1，可以画出图 3-6 所示的时序图（触发器的初始态为 0 态）。

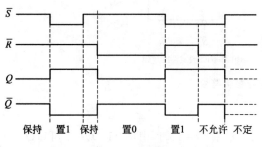

图 3-6　基本 RS 触发器的时序图

3.1.3　同步触发器

基本 RS 触发器的状态直接由输入信号控制。但在实际工作中，要求触发器的状态按统一节拍变化，即 R、S 信号只在特定时间内起作用。这需要在基本 RS 触发器的基础上，再加两个引导门及一个时钟脉冲控制端，从而出现了各种时钟控制的触发器，也称同步触发器。同步触发器有：同步 RS、同步 JK、同步 D、同步 T、同步 T' 触发器。

3.1.3.1　同步 RS 触发器

1）逻辑图与逻辑符号

如图 3-7（a）、（b）所示。

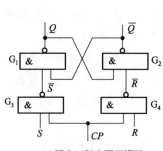

(a) 同步RS触发器逻辑图

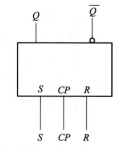

(b) 同步RS触发器的逻辑符号

图 3-7　逻辑图与逻辑符号

2）逻辑功能分析

（1）CP 是一个标准矩形脉冲信号，称为"时钟脉冲"（Clock Pulse）。

$CP=1$ 期间记为"使能"；$CP=0$ 期间记为"不使能"。

（2）当 $CP=1$ 时，G_3、G_4 与非门均相当于非门，图 3-7（a）同步 RS 触发器相当于图 3-3（a）基本 RS 触发器。R、S 高电平有效。

（3）当 $CP=0$ 时，G_3、G_4 与非门的输出端输出 1，相当于基本 RS 触发器处于保持状态。

3）几种表达方法

（1）"特性表"表示：当 $CP=1$ 时，将上述分析结果填入特性表中（表 3-2）。

表 3-2　同步 RS 触发器的特性表

R	S	Q^n	Q^{n+1}	说　明	R	S	Q^n	Q^{n+1}	说　明
0	0	0 1	0 1	保持	1	0	0 1	0 0	置0
0	1	0 1	1 1	置1	1	1	0 1	不定态	不允许

功能总结：$CP=1$ 时，0、1 置 1，1、0 置 0；全 1 非法，全 0 保持。

（2）"卡诺图"表示：将表 3-2 同步 RS 触发器特性表填入图 3-8 所示的卡诺图中。

（3）"特性方程"表示：将图 3-8 的卡诺图进行化简后，得到如下的同步 RS 触发器的特性方程。

$$\begin{cases} Q^{n+1}=S+\overline{R}\cdot Q^n \\ RS=0\,(约束条件) \end{cases}$$

（4）"状态图"表示：将特性表 3-2 填入图 3-9 所示的状态图中。

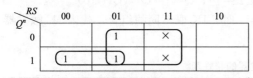

图 3-8　同步 RS 触发器的卡诺图

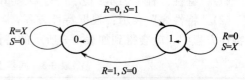

图 3-9　同步 RS 触发器的状态图

（5）"时序图"表示：根据特性表 3-2，可以画出图 3-10 所示的时序图（触发器的初始态为 0 态）。

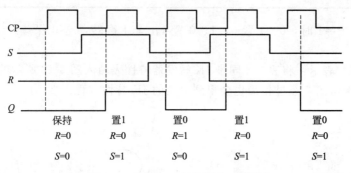

图 3-10　同步 RS 触发器的时序图

3.1.3.2　同步 JK 触发器

由于同步 RS 触发器的输入信号之间存在约束问题，我们为了得到输入信号不受约束的触发器。令 $S=J\,\overline{Q^n}$，$R=KQ^n$；这样不论 J、K 输入什么，都会使 RS=0，就不用对输入信号 J、K 有任何的约束，从而得到同步 JK 触发器。

1）逻辑图与逻辑符号

如图 3-11(a)、（b）所示。

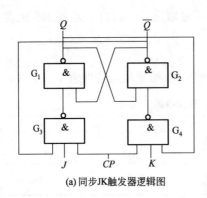
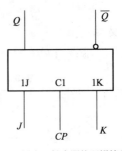

(a)同步JK触发器逻辑图　　　　(b)同步JK触发器的逻辑符号

图 3-11　逻辑图与逻辑符号

2）逻辑功能分析

（1）在同步 RS 触发器逻辑图 3-7(a) 中，将 $S=J\overline{Q^n}$，$R=KQ^n$。

（2）当 $CP=1$ 时，将 S、R 代入同步 RS 触发器的特性方程中，就会得到同步 JK 触发器的特性方程：$Q^{n+1}=J\overline{Q^n}+\overline{K}Q^n$。

（3）当 $CP=0$ 时，触发器处于保持状态 $Q^{n+1}=Q^n$。

3）几种表达方法

（1）"特性方程"表示：$Q^{n+1}=J\overline{Q^n}+\overline{K}Q^n$（$CP=1$），$Q^{n+1}=Q^n$（$CP=0$）。

（2）"特性表"表示：根据特性方程，当 $CP=1$ 时，JK 取不同的组合，代入 JK 触发器的特性方程中，就会得到如表 3-3 所示的特性表。

表 3-3　同步 JK 触发器的特性表

J	K	Q^{n+1}	说　明	J	K	Q^{n+1}	说　明
0	0	Q^n	保持	1	0	1 1	置1
0	1	0 0	置0	1	1	$\overline{Q^n}$	翻转

功能总结：$CP=1$ 时，0、1 置 0，1、0 置 1；全 1 翻转，全 0 保持。$CP=0$ 时，状态保持。

（3）"卡诺图"表示：将表 3-3 同步 JK 触发器特性表填入图 3-12 所示的卡诺图中。

注意：这个卡诺图，经过化简也会得到上面的 JK 特性方程。

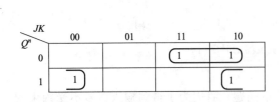

图 3-12　同步 JK 触发器的卡诺图　　　　图 3-13　同步 JK 触发器的状态图

（4）状态图"表示：将特性表 3-3 填入图 3-13 所示的状态图中。

（5）时序图"表示：根据特性表 3-3，可以画出图 3-14 所示的时序图（触发器的初始态为 0 态）。

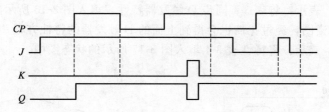

图 3-14   同步 JK 触发器的时序图

3.1.3.3   同步 D 触发器

为了避免同步 RS 触发器的输入信号同时为 1，可以让 $S=D$，$R=\overline{D}$，信号只从 S 端输入，并将 S 端改称为数据输入端 D，如图 3-15 所示。这种单输入的触发器称为同步 D 触发器，也称 D 锁存器。

1）逻辑图及逻辑符号图

如图 3-15(a)、（b）所示。

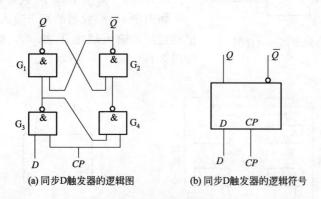

(a) 同步 D 触发器的逻辑图   (b) 同步 D 触发器的逻辑符号

图 3-15   逻辑图与逻辑符号

2）功能分析

（1）由于 $S=D$，$R=\overline{D}$，无论 D 取何值，都会使 $RS=0$，输入 D 将不会受到任何约束。

（2）将 S、R 代入 RS 触发器的特性方程中，就会得到 D 触发器的特性方程：$Q^{n+1}=D$ $(CP=1)$。

（3）当 $CP=0$ 时，触发器的状态保持：$Q^{n+1}=Q^n$。

3）几种表达方法

（1）"特性方程"表示：$Q^{n+1}=D(CP=1)$，$Q^{n+1}=Q^n(CP=0)$。

（2）"特性表"表示：根据特性方程，当 $CP=1$ 时，D 取 0、1 时，代入 D 触发器的特性方程中，就会得到如表 3-4 所示的特性表。

表 3-4   同步 D 触发器的特性表

D	Q^{n+1}	说　明
0	0	置 0
1	1	置 1

功能总结：$CP=1$ 时，置 0，置 1。$CP=0$ 时，状态保持。只要向同步触发器送入一个 $CP=1$，即可将输入数据 D 存入触发器。$CP=0$ 触发器将存储该数据，直到下一个 CP 到来时为止，故可锁存数据。

（3）"卡诺图"表示：将表3-4同步D触发器特性表填入图3-16所示的卡诺图中。

注意：这个卡诺图，经过化简也会得到上面的D触发器的特性方程。

（4）"状态图"表示：将特性表3-4填入图3-17所示的状态图中。

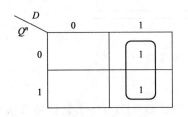

图 3-16　同步 D 触发器的卡诺图

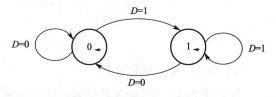

图 3-17　同步 D 触发器的状态图

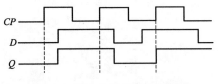

图 3-18　同步 D 触发器的时序图

（5）"时序图"表示：根据特性表3-4，可以画出图3-18所示的时序图（触发器的初始态为0态）。

3.1.3.4　同步 T 和 T′ 触发器

如果把JK触发器的两个输入端J和K相连，并把相连后的输入端用T表示，就构成了T触发器。如图3-19(a)、(b)所示。

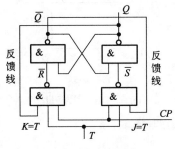

(a)同步T触发器的逻辑图

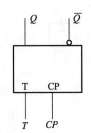

(b)同步T触发器的逻辑符号

图 3-19　逻辑图与逻辑符号

由于T触发器是JK触发器中输入信号相等时的两个特例，所以$CP=1$时，它的特性表如表3-5所示。

表 3-5　T 触发器的特性表

T	Q^{n+1}	功能说明
0	Q^n	保持
1	$\overline{Q^n}$	翻转

把 $J=K=T$ 代入JK触发器的特性方程：$Q^{n+1}=J\overline{Q^n}+\overline{K}Q^n$，可得到T触发器的特性方程：$Q^{n+1}=T\overline{Q^n}+\overline{T}Q^n(CP=1)$。

如果在T触发器中令$T=1$，就会得到同步 T′ 触发器，这种只具有翻转功能的触发器称为 T′ 触发器。其特性方程：$Q^{n+1}=\overline{Q^n}(CP=1)$。

此式表明：每输入一个时钟脉冲，触发器的状态就翻转一次，时序图如图3-20所示。

由图3-20可以看出，T′触发器输出Q的周期是触发脉冲CP周期的2倍，即输出Q的频率是CP频率的1/2，我们称之为2分频作用。

3.1.3.5 同步触发器的空翻现象

（1）同步触发器是由时钟脉冲控制的，属于电平触发方式。在时钟脉冲有效电平期间，触发器的状态随着输入信号的变化而改变。可以实现多个触发器同步工作。

（2）由于接收信号是在 CP 脉冲有效期间，时间太长，存在"空翻"现象，同步触发器在一个 CP 脉冲作用后，出现两次或两次以上翻转的现象称为空翻。如图 3-21 所示。

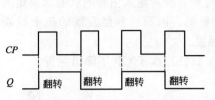

图 3-20　同步 T′ 触发器时序图

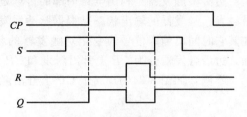

图 3-21　同步触发器的空翻现象

3.1.4　主从触发器

1）逻辑电路与逻辑符号

逻辑电路与逻辑符号如图 3-22 所示。

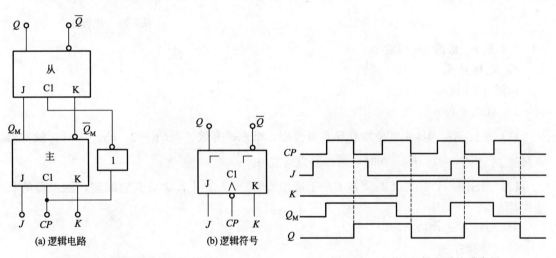

(a) 逻辑电路　　　(b) 逻辑符号

图 3-22　逻辑电路与逻辑符号

图 3-23　主从 JK 触发器的时序图

2）功能分析

（1）接收信号

$CP=1$，主触发器接收输入信号 $Q_M^{n+1}=J\overline{Q^n}+\overline{K}Q^n$。

（2）输出信号

$CP=0$，主触发器保持不变；从触发器由 CP 下降沿到来之前的 Q_M^n 确定。

3）几种表达方法

时序图如图 3-23 所示。

功能总结：

（1）主从控制，时钟脉冲触发。

（2）$CP=1$ 主触发器接收输入信号。

（3）CP 下降沿从触发器按照主触发器的内容更新状态。从触发器输出端的变化只能发生在 CP 的下降沿。

（4）在 $CP=1$ 期间，主触发器接收信号时间太长，存在一次翻转问题，从而影响了抗干扰能力。所谓主从 JK 触发器的一次翻转现象是在 $CP=1$ 期间，不论输入信号 J、K 变化多少次，主触发器能且仅能翻转一次。

3.1.5 边沿触发器

边沿型触发器是利用电路内部的传输延迟时间实现边沿触发克服空翻现象的。它采用边沿触发。触发器的输出状态是根据脉冲触发沿到来时刻的瞬间输入信号的状态来决定的，而在其它时间里输入信号的变化对触发器的状态均无影响。因而这种触发器的抗干扰能力较强。边沿触发器分为 CP 上升沿触发和 CP 下降沿触发。

举例：如图 3-24(a) 属于 CP 上升沿触发、图 3-24(b) 属于 CP 下降沿触发。

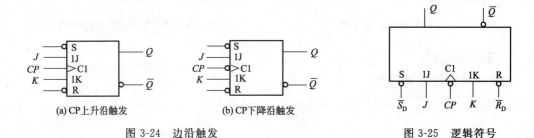

(a) CP上升沿触发	(b) CP下降沿触发

图 3-24　边沿触发　　　　　　　图 3-25　逻辑符号

3.1.5.1　边沿 JK 触发器

1）逻辑符号

如图 3-25 所示。

2）功能分析

（1）$\overline{S}_D$、$\overline{R}_D$ 为异步置位端和异步复位端，低电平有效。当 $\overline{S}_D=0$，$\overline{R}_D=1$ 时，触发器直接置 1；当 $\overline{S}_D=1$，$\overline{R}_D=0$ 时，触发器直接置 0。

（2）当 $\overline{S}_D=1$，$\overline{R}_D=1$ 时，在 CP 下降沿 $Q^{n+1}=J\overline{Q^n}+\overline{K}Q^n$；其它时刻，触发器的状态保持，$Q^{n+1}=Q^n$。

3）几种表达方法

（1）特性方程

$$Q^{n+1}=J\overline{Q^n}+\overline{K}Q^n \text{（CP 下降沿）}$$

（2）特性表如表 3-6 所示。

表 3-6　JK 触发器特性表

$\overline{S}_D$	$\overline{R}_D$	CP	J	K	Q^{n+1}	说　明
0	1	×	×	×	1	直接置 1
1	0	×	×	×	0	直接置 0
1	1	↓	0	0	0 1	保持
1	1	↓	0	1	0 0	置 0
1	1	↓	1	0	1 1	置 1
1	1	↓	1	1	1 0	翻转

（3）时序图

① 当 $\overline{S}_D=1$，$\overline{R}_D=1$ 时，根据 JK 触发器的功能，根据给定的 CP 、JK 波形，画出 Q、$\overline{Q}$ 的波形，如图 3-26 所示（触发器的初始状态为 0）。

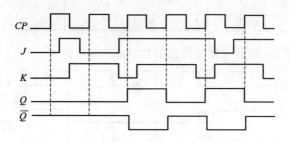

图 3-26　$\overline{S}_D=1$，$\overline{R}_D=1$ 时的时序图

② 当 $\overline{S}_D\neq1$，$\overline{R}_D\neq1$ 时，根据 JK 触发器的功能，根据给定的 CP 、JK 波形，画出 Q、$\overline{Q}$ 的波形，如图 3-27 所示（触发器的初始状态为 0）。

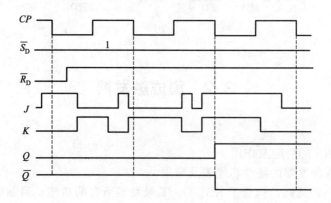

图 3-27　$\overline{S}_D\neq1$，$\overline{R}_D\neq1$ 时的时序图

3.1.5.2　边沿 D 触发器

1）逻辑符号

如图 3-28 所示。

2）功能分析

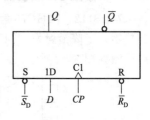

图 3-28　逻辑符号

（1）$\overline{S}_D$、$\overline{R}_D$ 为异步置位端和异步复位端，低电平有效。当 $\overline{S}_D=0$，$\overline{R}_D=1$ 时，触发器直接置 1；当 $\overline{S}_D=1$，$\overline{R}_D=0$ 时，触发器直接置 0。

（2）当 $\overline{S}_D=1$，$\overline{R}_D=1$ 时，在 CP 下降沿 $Q^{n+1}=D$；其它时刻，触发器的状态保持，$Q^{n+1}=Q^n$。

3）几种表达方法

（1）特性方程

$$Q^{n+1}=D(CP\text{ 上升沿})$$

（2）特性表如表 3-7 所示。

表 3-7 D 触发器特性表

$\overline{S}_D$	$\overline{R}_D$	CP	D	Q^{n+1}	说 明
0	1	×	×	1	直接置 1
1	0	×	×	0	直接置 0
1	1	↑	0	0	置 0
1	1	↑	1	1	置 1

（3）时序图如图 3-29 所示（触发器的初始状态为 0）。

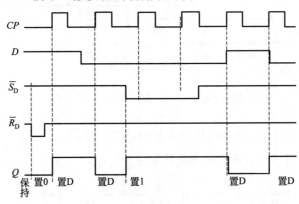

图 3-29　时序图

3.2　集成触发器

【学习目标】

① 掌握 $\overline{S}_D$、$\overline{R}_D$ 的功能及作用。

② 能看懂集成触发器的特性功能表及应用。

JK 触发器的功能最强，包含了 RS、D、T 触发器所有的功能；目前生产的触发器只有 D 触发器和 JK 触发器。

3.2.1　集成 JK 触发器

74LS112、74HC76 触发器内均有两个 JK 触发器，电源和地是共用的，其他则分开单独使用，下降沿触发。74LS112 引脚图及逻辑符号图如图 3-30 所示。74HC76 引脚图及逻辑符号图如图 3-31 所示。其特性表如表 3-6 所示。

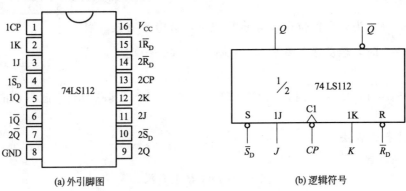

图 3-30　集成 JK 触发器 74LS112

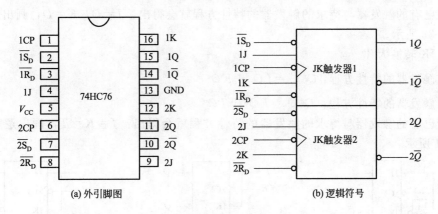

(a) 外引脚图   (b) 逻辑符号

图 3-31 集成 JK 触发器 74LS76

3.2.2 集成 D 触发器

74LS74 触发器内有两个 D 触发器，电源和地是共用的，其它则分开单独使用，上升沿触发。其引脚图与逻辑符号图如图 3-32 所示。其特性表如表 3-7 所示。

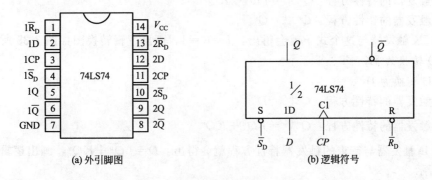

(a) 外引脚图   (b) 逻辑符号

图 3-32 双 D 触发器 74LS74

3.3 不同类型触发器之间的转换

【学习目标】

① 掌握触发器的特性方程。

② 通过特性方程比较得到触发器之间转换的逻辑图。

③ 熟悉如何通过触发器的输入信号，得到触发器的方程式。

由于目前生产的触发器只有 D 触发器和 JK 触发器。如果需要其它功能的触发器，可用 JK 和 D 触发器实现其它功能触发器。

1）JK 转换为 D、T、T'

（1）JK 转换为 D

已有触发器的特性方程：$Q^{n+1} = J\,\overline{Q^n} + \overline{K}\,Q^n$

待求触发器的特性方程：$Q^{n+1} = D$

可将 D 触发器的特性方程写成与 JK 触发器的特性方程相似的形式，即：

$$Q^{n+1} = D = D(Q^n + \overline{Q^n}) = D\,\overline{Q^n} + DQ^n$$

比较已有的触发器与待求的触发器的特性方程就会得出：$J=D$，$K=\bar{D}$，画出逻辑转换图如图 3-33 所示。

（2）JK 转换为 T

已有触发器的特性方程：$Q^{n+1}=J\overline{Q^n}+\bar{K}Q^n$

待求触发器的特性方程：$Q^{n+1}=T\overline{Q^n}+\bar{T}Q^n$

比较已有的触发器与待求的触发器的特性方程就会得出：$J=K=T$，画出逻辑转换图如图 3-34 所示。

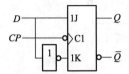

图 3-33　JK 转换为 D 的
逻辑转换图

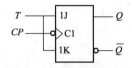

图 3-34　JK 转换为 T 的
逻辑转换图

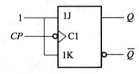

图 3-35　JK 转换为 T′ 的
逻辑转换图

（3）JK 转换为 T′

已有触发器的特性方程：$Q^{n+1}=J\overline{Q^n}+\bar{K}Q^n$

待求触发器的特性方程：$Q^{n+1}=\overline{Q^n}$

比较 JK 触发器与这个式子就会得出：$J=K=1$，画出逻辑转换图如图 3-35 所示。

2）D 转换为 JK、T、T′

（1）D 转换为 JK

已有触发器的特性方程：$Q^{n+1}=D$

待求触发器的特性方程：$Q^{n+1}=J\overline{Q^n}+\bar{K}Q^n$

比较 D 触发器与待求的触发器特性方程就会得出：$D=J\overline{Q^n}+\bar{K}Q^n$，画出逻辑转换图如图 3-36 所示。

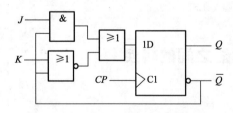

图 3-36　D 转换为 JK 的逻辑转换图

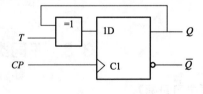

图 3-37　D 转换为 T 的逻辑转换图

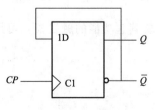

图 3-38　D 转换为 T′ 的
逻辑转换图

（2）D 转换为 T

已有触发器的特性方程：$Q^{n+1}=D$

待求触发器的特性方程：$Q^{n+1}=T\overline{Q^n}+\bar{T}Q^n$

比较这两个特性方程就会发现：$D=T\overline{Q^n}+\bar{T}Q^n=T\oplus Q^n$

画出逻辑转换图如图 3-37 所示。

（3）D 转换为 T′

已有触发器的特性方程：$Q^{n+1}=D$

待求触发器的特性方程：$Q^{n+1}=\overline{Q^n}$

比较这两个特性方程就会发现：$D=\overline{Q^n}$，画出逻辑转换图如图 3-38 所示。

技能训练　用 74LS74、74LS112 构成 T、T′ 触发器

1）项目目的

① 了解触发器构成方法和工作原理；

② 熟悉各类触发器的功能和特征；

③ 掌握和熟练使用各种集成的触发器。

2）项目器材

① 数字逻辑实验台；

② 集成块 74LS00、74LS74、74LS112、74LS86；

③ 导线若干。

3）项目所用集成块引脚图

（1）引脚图（图 3-39～图 3-41）

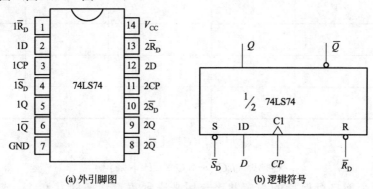

图 3-39　双 D 触发器 74LS74

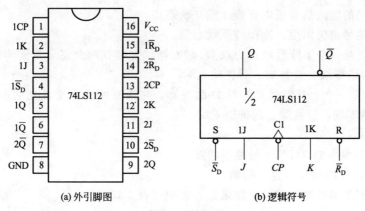

图 3-40　集成 JK 触发器 74LS112

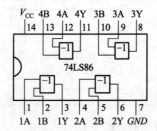

图 3-41　74LS86 四 2 输入异或门 $Y = A \oplus B$

79

（2）项目原理

D 触发器和 JK 触发器特性见表 3-8、表 3-9。

表 3-8　D 触发器特性表

$\bar{S}_D$	$\bar{R}_D$	CP	D	Q^{n+1}	说　明
0	1	×	×	1	直接置 1
1	0	×	×	0	直接置 0
1	1	↑	0	0	置 0
1	1	↑	1	1	置 1

表 3-9　JK 触发器特性表

$\bar{S}_D$	$\bar{R}_D$	CP	J	K	Q^{n+1}	说　明
0	1	×	×	×	1	直接置 1
1	0	×	×	×	0	直接置 0
1	1	↓	0	0	0 1	保持
1	1	↓	0	1	0 0	置 0
1	1	↓	1	0	1 1	置 1
1	1	↓	1	1	1 0	翻转

$$Q^{n+1}=D(CP \text{ 上升沿})$$

$$Q^{n+1}=J\,\overline{Q^n}+\overline{K}Q^n(CP \text{ 下降沿})$$

① 具有两个能自行保持的稳定状态，用来表示逻辑状态的 0 和 1，或二进制数的 0 和 1。

② 根据不同的输入信号可以置成 1 或 0 状态。

③ 在输入信号消失以后，能保持原状态值。

④ 74LS112 是一个下降沿触发的双 JK 触发器，它内有两个完全独立的 JK 触发器，它们有各自的直接清零端、置数端、时钟输入端。

⑤ 74LS74 是一个上升沿触发的双 D 触发器，它内有两个完全独立的 D 触发器，它们有各自的直接清零端、置数端、时钟输入端。

（3）项目内容

① 测试双 D 触发器 74LS74 的逻辑功能

a. 测试 $\overline{R_D}$、$\overline{S_D}$ 的复位、置位功能；

b. D 触发器逻辑功能测试，将结果记入表中（表 3-10）。

表 3-10　D 触发器逻辑功能测试表

D	CP	Q^{n+1}	
		$Q^n=0$	$Q^n=1$
0	0→1		
	1→0		
1	0→1		
	1→0		

② 测试双 JK 触发器 74LS112 的逻辑功能

a. 测试 $\overline{R_D}$、$\overline{S_D}$ 的复位、置位功能。

b. JK 触发器逻辑功能测试，将测试结果记录于表格中（表 3-11）。

表 3-11　JK 触发器逻辑功能测试表

J	K	CP	Q^{n+1}		功能说明
			$Q^n=0$	$Q^n=1$	
0	0	$0\to1$			
		$1\to0$			
0	1	$0\to1$			
		$1\to0$			
1	0	$0\to1$			
		$1\to0$			
1	1	$0\to1$			
		$1\to0$			

③ 用 74LS74 将 D 触发器转化成 T、T′ 触发器进行功能测试

D 触发器的特性方程为：$Q^{n+1}=D$

T 触发器的特性方程为：$Q^{n+1}=T\overline{Q^n}+\overline{T}Q^n$

T′ 触发器的特性方程为：$Q^{n+1}=\overline{Q^n}$

比较前两个方程，若令 $D=T\overline{Q^n}+\overline{T}Q^n=T\oplus Q^n$

即可得到 T 触发器，如图 3-42 所示。

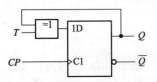

图 3-42　D 触发器转化成 T 触发器　　　　图 3-43　D 触发器转化成 T′ 触发器

比较上面第一、三个方程，则将 $D=\overline{Q^n}$，就构成了 T′ 触发器。如图 3-43 所示。

④ 用 74LS112 将 JK 触发器转化成 T、T′ 触发器进行功能测试

给定的 JK 触发器的特性方程：$Q^{n+1}=J\overline{Q^n}+\overline{K}Q^n$

待求的 T 触发器的特性方程：$Q^{n+1}=T\overline{Q^n}+\overline{T}Q^n$

待求的 T′ 触发器的特性方程：$Q^{n+1}=\overline{Q^n}$

比较前两个特性方程，可以得出：$\begin{cases} J=1 \\ K=1 \end{cases}$

转换逻辑图如图 3-44 所示：$\begin{cases} J=1 \\ K=1 \end{cases}$

比较第一、三个方程可以得出：转换逻辑图如图 3-45 所示。

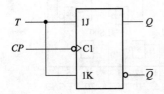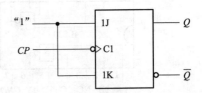

图 3-44　JK 触发器转化成 T 触发器　　　　图 3-45　JK 触发器转化成 T′ 触发器

4）项目报告

（1）将测试得到的数据填入表格中，分析结果是否正确？

（2）写清步骤。

（3）如果在制作过程中遇到什么困难，请写出来，并写清解决的办法。

项目制作 用触发器设计与制作抢答器

1）项目目的

① 理解触发器的"记忆"功能。

② 学习通过触发器设计与制作实际逻辑电路的方法。

2）项目器材

① 数字电路实验箱　　　1台

② 数字万用表　　　　　1块

③ 双踪示波器　　　　　1台

④ 器件：　74LS175　四正沿触发 D 触发器　　1片

　　　　　74LS74　双正沿触发 D 触发器　　1片

　　　　　74LS20　双 4 输入与非门　　　　1片

　　　　　74LS00　四 2 输入与非门　　　　2片

　　　　　电容　　　0.1μF　　　　　　　1个

3）项目原理

74LS175 特性功能见表 3-12。

$Y=\overline{ABCD}$ $Y=\overline{ABC}$ $Y=\overline{AB}$ $Q^{n+1}=\overline{Q^n}$（CP 上升沿） $Q^{n+1}=D$（上升沿）

表 3-12　74LS175 特性功能表

$\overline{CR}$	CP	1D	2D	3D	4D	1Q	2Q	3Q	4Q	说明
0	×	×	×	×	×	0	0	0	0	清除数据
1	↑	D_0	D_1	D_2	D_3	D_0	D_1	D_2	D_3	接收数据
1	0	×	×	×	×	$1Q^n$	$2Q^n$	$3Q^n$	$4Q^n$	保持

4）项目所用集成块引脚图（图 3-46）

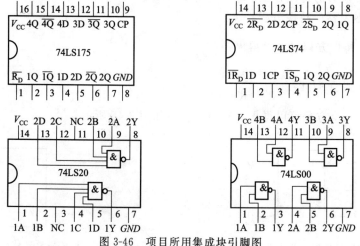

图 3-46　项目所用集成块引脚图

82

5）项目内容

方案一：由基本 RS 触发器构成的三路抢答器。

（1）电路图如图 3-47 所示。

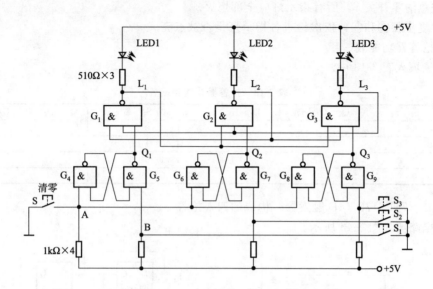

图 3-47　基本 RS 触发器构成的三路抢答器电路图

（2）电路功能分析

如图 3-47 所示，电路可作为抢答信号的接收、保持和输出的基本电路。S 为手动清零控制开关，$S_1 \sim S_3$ 为抢答按钮开关。

该电路具有如下功能。

① 开关 S 为允许抢答控制开关（可由主持人控制）。当开关被按下时抢答电路清零，松开后则允许抢答。由抢答按钮开关来实现抢答信号的输入。

② 若有抢答信号输入（开关 $S_1 \sim S_3$ 中的任何一个开关被按下）时，与之对应的指示灯被点亮。此时再按其他任何一个抢答开关均无效，指示灯仍"保持"第一个开关按下时所对应的状态不变。这是因为其中的一个与非门输出为 0，就会将其它的两个与非门封锁。

（3）电路连接

在电路板上插接 IC 器件时，要注意 IC 芯片的豁口方向（都朝左侧），同时要保证 IC 管脚与插座接触良好，管脚不能弯曲或折断。指示灯的正、负极不能接反。按图 3-47 连接电路。在通电前先用万用表检查各 IC 的电源接线是否正确。

（4）电路调试

首先测试抢答器功能，若电路满足预期的要求，说明电路没有故障；若某些功能不能实现，就要设法查找并排除故障。

例如，当有抢答信号输入时，观察对应指示灯是否点亮，若不亮，可用万用表（逻辑笔）分别测量相关与非门输入、输出端电平状态是否正确，由此检查线路的连接及芯片的好坏。

若抢答开关按下时指示灯亮，松开时又灭掉，说明电路不能保持，此时应检查与非门相互间的连接是否正确，直至排除全部故障为止。

（5）电路功能试验

① 按下清零开关 S 后，所有指示灯灭。

② 按下 $S_1 \sim S_3$ 中的任何一个开关（如 S_1），与之对应的指示灯（LED1）应被点亮，此时再按其他开关均无效。

③ 按总清零开关 S，所有指示灯应全部熄灭。

④ 重复步骤②和③，依次检查各指示灯是否被点亮。

（6）抢答器功能表

将结果填入表 3-13 中。

表 3-13　抢答器功能测试表

S	S_3	S_2	S_1	Q_3	Q_2	Q_1	L_3	L_2	L_1	S	S_3	S_2	S_1	Q_3	Q_2	Q_1	L_3	L_2	L_1
0	0	0	1							1	0	0	1						
0	0	1	0							1	0	1	0						
0	1	0	0							1	1	0	0						
0	0	0	0							1	0	0	0						

方案二：74LS175（4D 触发器）构成的四人抢答器。

（1）电路图如图 3-48 所示。

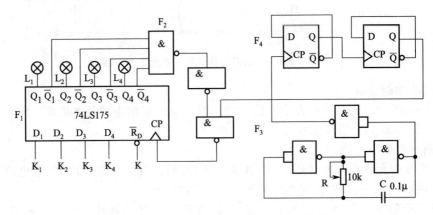

图 3-48　74LS175 构成的四人抢答器电路图

（2）电路功能分析

图中 F_1 是四 D 触发器 74LS175，它具有公共置 0 端和公共 CP 端；F_2 为双 4 输入与非门 74LS20；F_3 是由 74LS00 组成的多谐振荡器；F_4 是由 74LS74 组成的四分频电路，F_3、F_4 组成抢答电路中的 CP 时钟脉冲源。$D_1 \sim D_4$ 和 R_D 接电平开关 $K_1 \sim K_4$ 和 K，$Q_1 \sim Q_4$ 接电平指示灯 $L_1 \sim L_4$。抢答开始时，由主持人清除信号，复位开关 K 置 0，74LS175 的输出 $Q_1 \sim Q_4$ 全为 0，所有电平指示灯均熄灭，K 再置 1。当主持人宣布"抢答开始"后，首先判断哪个参赛者立即按下开关（置 1），对应的电平指示灯点亮。同时，通过与非门 F_2 送出信号锁住其余 3 个抢答者的电路，不再接收其他信号，直到主持人再次清除信号为止。

（3）电路测试

① 测试各触发器及各逻辑门的逻辑功能。

② 按图 3-48 接线，抢答器 5 个开关接电平开关、4 个显示灯，接电平指示灯。

③ 断开抢答器电路中 CP 脉冲源电路，单独对多谐振荡器 F_3 及分频器 F_4 进行调试，调整多谐振荡器 10kΩ 电位器，使其输出脉冲频率约 4kHz，观察 F_3 及 F_4 输出波形及测试其频率。

（4）测试抢答器电路功能

接通 +5V 电源，CP 端接连续脉冲源（$f = 1kHz$）。

① 抢答开始前，开关 K_1、K_2、K_3、K_4 均置 0，准备抢答，将开关 K 置 0，电平指示灯全熄灭，再将 K 置 1。抢答开始，K_1、K_2、K_3、K_4 某一开关置 1，观察电平指示灯的亮、灭情况，然后再将其他 3 个开关中任一个置上 1，观察电平指示灯的亮、灭有否改变。

② 重复①的内容，改变 K_1、K_2、K_3、K_4 任一个开关状态，观察抢答器的工作情况。

（5）整体测试：CP 脉冲源电路与 F_3 及 F_4 相接，再进行实验。

（6）项目报告

① 将测试得到的数据填入表格中，分析结果是否正确。

② 写出详细的设计、制作与测试步骤。

③ 如果在制作过程中遇到什么困难，请写出来，并写出解决的办法。

3.4　触发器的应用

【学习目标】

① 掌握触发器的功能，学习触发器的应用。

② 能根据功能表，熟悉触发器构成的常用集成芯片的应用。

在数字电路中，各种信息都是用二进制信号来表示的，而触发器是存放这种信号的基本单元。时钟控制的触发器是时序电路的基础单元电路，常被用来构造信息的寄存、锁存、缓冲电路及其它常用电路。

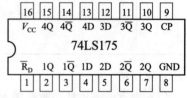

图 3-49　74LS175 引脚图

3.4.1　寄存器

在实际的数字系统中，通常把能够用来存储一组二进制代码的同步时序逻辑电路称为寄存器。由于一个触发器能够存储一位二进制码，所以把 n 个触发器的时钟端口连接起来就能构成一个存储 n 位二进制码的寄存器。

3.4.2　集成数码寄存器

74LS175 是 4D 触发器，触发器内有四个 D 触发器，电源和地是共用的，其它则分开单独使用，上升沿触发。其引脚图与逻辑符号图如图 3-49 所示。其特性表如表 3-14 所示。

表 3-14　74LS175 的特性表

$\overline{CR}$	CP	1D	2D	3D	4D	1Q	2Q	3Q	4Q	说明
0	$\times$	$\times$	$\times$	$\times$	$\times$	0	0	0	0	清 0
1	$\uparrow$	D_0	D_1	D_2	D_3	D_0	D_1	D_2	D_3	接收数据
1	0	$\times$	$\times$	$\times$	$\times$	$1Q^n$	$2Q^n$	$3Q^n$	$4Q^n$	保持

3.4.3　集成移位寄存器

具有移位功能的寄存器称为移位寄存器。移位寄存器按数码移动方向分类有左移，右移，可控制双向（可逆）移位寄存器；按数据输入端、输出方式分类有串行和并行之分。

集成寄存器的种类很多，现以 74LS164 和 CD4015 两种型号寄存器为例介绍集成移位寄存器的功能和应用。

1）74LS164——单向移位寄存器（右移位）

74LS164 为串行输入/并行输出的 8 位单向移位寄存器，其逻辑符号及引脚排列如图 3-

85

50 所示。其中$\overline{R_\mathrm{D}}$为清零端，A、B 为两个可控制的串行数据输入端，两个输入端要么连接在一起，要么把不用的输入端接高电平，一定不要悬空。$Q_\mathrm{H}\sim Q_\mathrm{A}$ 为 8 个输出端（Q_H 为最高位，Q_A 为最低位），Q_A 是两个数据输入端 A 和 B 的逻辑与，即 $Q_\mathrm{A}=AB$。

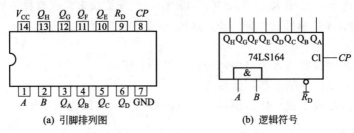

(a) 引脚排列图　　　　　(b) 逻辑符号

图 3-50　74LS164 引脚排列与逻辑符号

功能表如表 3-15 所示。

表 3-15　74LS164 功能表

输入				输出			
$\overline{R_\mathrm{D}}$	CP	A	B	Q_A	Q_B	$\cdots$	Q_H
0	$\times$	$\times$	$\times$	0	0		0
1	0	$\times$	$\times$	Q_A0	Q_B0		Q_H0
1	$\uparrow$	1	1	1	Q_An		Q_Gn
1	$\uparrow$	0	$\times$	0	Q_An		Q_Gn
1	$\uparrow$	$\times$	0	0	Q_An		Q_Gn

总结功能：

(1) 当 $\overline{R_\mathrm{D}}=0$ 时，所有触发器均清零。

(2) 在 $\overline{R_\mathrm{D}}=1$ 时，在 CP 上升沿，当串行输入数据 A、B 两者中有一个为低电平时，$Q_\mathrm{A}^{n+1}=0$，并依次右移。

(3) 在 $\overline{R_\mathrm{D}}=1$ 时，在时钟 CP 上升沿，当串行输入数据 A、B 两者都为高电平时，$Q_\mathrm{A}^{n+1}=1$，并依次右移。

2）CC4015——单向移位寄存器（右移位）

CC4015 是串入、串出右移位寄存器的典型产品，其引线分布如图 3-51 所示，功能表见表 3-16。CC4015 由两个独立的四位串入、串出移位寄存器组成，每个寄存器都有自己的 CP 输入端和各自的清零端。

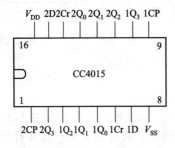

图 3-51　CC4015 引线排列图

表 3-16　CC4015 功能表

CP	D	Cr	Q_0	Q_1	Q_2	Q_3
$\times$	$\times$	1	0	0	0	0
$\downarrow$	$\times$	0	保			持
$\uparrow$	0	0	0	Q_0	Q_1	Q_2
$\uparrow$	1	0	1	Q_0	Q_1	Q_2

总结功能：

(1) 当 $Cr=1$ 时，所有触发器均清零。

（2）当 Cr $= 0$ 时，在 CP 的上升沿，$Q_0 = D$，数据依次右移。

（3）当 Cr $= 0$ 时，在 CP 的下降沿，Q 的状态保持。

3）双向移位寄存器

74LS194 是一种典型的中规模四位双向移位寄存器。其引脚图及逻辑符号如图 3-52 所示，功能表如表 3-17 所示。

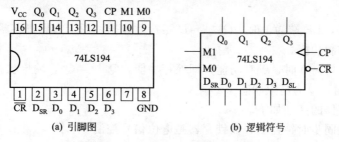

(a) 引脚图 (b) 逻辑符号

图 3-52 74LS194 的引脚与逻辑符号

表 3-17 74LS194 的功能表

$\overline{R_D}$	M_1 M_0	CP	D_{SR} D_{SL}	$D_0 D_1 D_2 D_3$	$Q_0 Q_1 Q_2 Q_3$	功能说明
0	× ×	×	× ×	× × × ×	0 0 0 0	置 0
1	× ×	0	× ×	× × × ×	$Q_0 Q_1 Q_2 Q_3$	保持
1	0 0	↑	× ×	× × × ×	$Q_0 Q_1 Q_2 Q_3$	保持
1	0 1	↑	D ×	× × × ×	D $Q_0 Q_1 Q_2$	右 移
1	1 0	↑	× D	× × × ×	$Q_1 Q_2 Q_3$ D	左 移
1	1 1	↑	× ×	$D_0 D_1 D_2 D_3$	$D_0 D_1 D_2 D_3$	并行输入

总结功能：

（1）当 $\overline{R_D} = 0$ 时，所有触发器均清零。

（2）在 $\overline{R_D} = 1$ 时，在 CP 上升沿：当 $M_1 M_0 = 00$ 时，保持；当 $M_1 M_0 = 01$ 时，右移，数据从 D_{SR} 端输入；当 $M_1 M_0 = 10$ 时，左移，数据从 D_{SL} 端输入；当 $M_1 M_0 = 11$ 时，并行输入。

（3）在 $\overline{R_D} = 1$ 时，在 CP 除了上升沿，状态均保持。

3.4.4 集成锁存器

由若干个钟控 D 触发器构成的一次能存储多位二进制代码的时序逻辑电路。数据有效迟后于时钟信号有效。这意味着时钟信号先到，数据信号后到。在某些运算器电路中有时采用锁存器作为数据暂存器。

74LS373 内部有八个 D 锁存器。74LS373 的逻辑符号及引脚排列如图 3-53 所示。其中，$\overline{OE}$ 是输出控制端（低电平有效），LE 是使能端（高电平有效）。74LS373 的功能如表 3-18 所示。

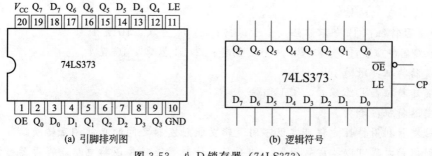

(a) 引脚排列图 (b) 逻辑符号

图 3-53 八 D 锁存器（74LS373）

表 3-18　74LS373 的功能表

输入			输出		输入			输出	
$\overline{OE}$	LE	D	Q^{n+1}	功能	0	0	×	Q^n	保持
0	1	1	1	接收数据	1	×	×	Z	高阻态
0	1	0	0						

功能总结：

（1）$\overline{OE}$ 端为 0，LE 端为 1 时，$Q^{n+1}=D$，接收数据，用于数码寄存器的数码寄存。其输出端具有三态控制功能。

（2）$\overline{OE}$、LE 均为 0 时，锁存功能，即保存功能，$Q^{n+1}=Q^n$，输出状态与 D 无关。

（3）$\overline{OE}$ 为 1 时，Q 为高阻状态（Z）。

寄存器和锁存器的区别如下。

（1）寄存器是同步时钟控制，而锁存器是电位信号控制。

（2）寄存器的输出端平时不随输入端的变化而变化，只有在时钟有效时才接收输入端的数据。而锁存器的输出端平时总随输入端变化而变化，只有当锁存器信号到达时，才将输出端的状态锁存起来，使其不再随输入端的变化而变化。

可见，寄存器和锁存器具有不同的应用场合：若数据有效一定滞后于控制信号有效，则只能使用锁存器；数据提前于控制信号到达并且要求同步操作，则可用寄存器。

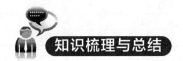
知识梳理与总结

（1）触发器与门电路是构成数字系统的基本逻辑单元。前者具有记忆功能，用于构成时序逻辑电路；后者不具有记忆功能，用于构成组合逻辑电路。

（2）触发器两个基本特性：

① 有两个稳定状态；

② 在外信号有效时，两个状态可以相互转换；在外信号无效时，触发器的状态保持不变，因此说触发器具有记忆功能。常用来存储二进制信息，一个触发器只能存储一位二进制信息。

（3）触发器根据结构不同，可分为基本触发器、钟控触发器（电平触发）、主从触发器（脉冲触发）、边沿触发器（边沿触发）。

触发器根据功能不同，可分为 RS 触发器、JK 触发器、D 触发器特征、T 触发器特征、T' 触发器。

（4）触发器逻辑功能的表达方法：特性表、卡诺图、特性方程、状态图、时序图。

（5）触发器功能总结：

RS 触发器特征：① 全零非法，全 1 保持；② 01 置零，10 置 1。

JK 触发器特征：① 全零保持，全 1 翻转；② 01 置零，10 置 1。

D 触发器特征：跟随 D。

T 触发器特征：T 零保持，T 1 翻转。

T' 触发器特征：翻转。

（6）触发器利用特性方程可实现不同逻辑功能触发器之间的功能相互转换。

（7）利用触发器可以构成寄存器、锁存器、计数器等时序逻辑电路。寄存器可分为数据寄存器和移位寄存器。

3-1　单选题

1. 能够存储 0、1 二进制信息的器件是（　　）。

A. TTL 门　　　　　　B. CMOS 门　　　　　C. 触发器　　　　　D. 译码器

2. 触发器是一种（　　）。

A. 双稳态电路　　　B. 单稳态电路　　　C. 无稳态电路　　　D. 三稳态电路

3. 用与非门构成的基本 RS 触发器处于置 1 状态时，其输入信号 R、S 应为（　　）。

A. RS 00　　　　　　B. RS 01　　　　　　C. RS 10　　　　　　D. RS 11

4. 下列触发器中，输入信号直接控制输出状态的是（　　）。

A. 基本 RS 触发器　　B. 钟控 RS 触发器　　C. 主从 JK 触发器　　D. 边沿D 触发器

5. 使触发器的状态变化分两步完成的触发方式是（　　）。

A. 主从触发方式　　　B. 边沿触发方式　　　C. 电平触发方式

6. 时钟触发器产生空翻现象的原因是因为采用了（　　）。

A. 主从触发方式　　　B. 边沿触发方式　　　C. 电平触发方式

7. 下列触发器中具有置 0、置 1、保持、翻转功能的触发器是（　　）。

A. RS 触发器　　　　B. T 触发器　　　　　C. JK 触发器　　　　D. D 触发器

8. 当输入 J ＝ K ＝ 1 时，JK 触发器所具有的功能是（　　）。

A. 置 1　　　　　　　B. 翻转　　　　　　　C. 保　持

3-2　填空题

1. 触发器是双稳态触发器的简称，它由逻辑门加上适当的（　　）线耦合而成，具有两个互补的输出端 Q 和 $\overline{Q}$。

2. 按逻辑功能划分，触发器可以分为 RS 触发器、（　　）、（　　）、（　　）和（　　）触发器。

3. 触发器根据结构不同，可分为基本触发器、（　　）、主从触发器（脉冲触发）和（　　）触发器。

4. 钟控 RS 触发器的特性方程为：$Q^{n+1} =$（　　　　　　），（　　　　　　）约束条件。

5. 边沿触发器的状态变化发生在 CP 的（　　　　），在 CP 的其它期间，触发器的状态保持不变。

6. JK 触发器的特性方程为：$Q^{n+1} =$（　　　　　　　）；当 CP 有效时，$J＝K＝1$ 时，$Q^{n+1} =$（　　　　　　　）。

7. 当 CP 有效时，D 触发器的特性方程为：$Q^{n+1} =$（　　　　　　）；当 CP 无效时，D 触发器的特性方程为：$Q^{n+1} =$（　　　　　　）。

8. 只具有翻转功能的触发器是（　　）触发器。

3-3　画出图 3-54 所示由与非门组成的基本 RS 触发器输出端 Q、$\overline{Q}$ 的电压波形，已知输入端 $\overline{S}$、$\overline{R}$ 的波形如图中所示（设初态 $Q＝0$）。

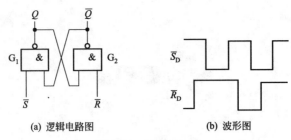

(a) 逻辑电路图 (b) 波形图

图 3-54 习题 3-3 图

3-4 图 3-55 所示为一个防抖动输出的开关电路。当拨动开关 S 时，由于开关触点接触瞬间发生振颤，$\overline{S}_D$ 和 $\overline{R}_D$ 的电压波形如图中所示，试画出 Q、$\overline{Q}$ 端对应的电压波形。

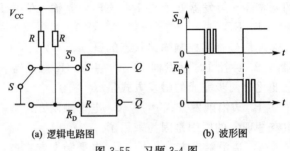

(a) 逻辑电路图 (b) 波形图

图 3-55 习题 3-4 图

3-5 根据给定的逻辑符号图如图 3-56（a）所示，根据给定的 CP、S、R 波形，分别画出图 3-56(b)、(c) 的 Q、$\overline{Q}$ 波形（设初态 $Q=0$）。

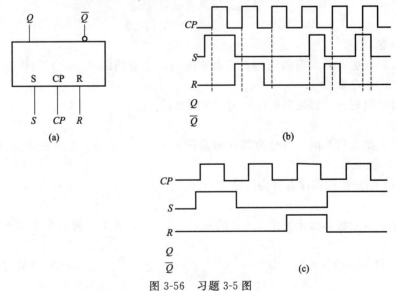

图 3-56 习题 3-5 图

3-6 根据给定的逻辑符号图 3-57(a) 所示，根据给定的 CP、D 波形，画出图 3-57（b）的 Q、$\overline{Q}$ 波形（设初态 $Q=0$）。

3-7 已知图 3-58 所示的触发器，根据给定的 CP 波形画出 Q_1、Q_2、Q_3、Q_4、Q_5、Q_6、Q_7、Q_8 的波形（设所有触发器的初态 $Q=0$）。

3-8 已知逻辑电路图如图 3-59(a) 所示，已知 u_I 的波形，如图 3-59(b) 所示，试画出 u_O 的波形（设初态 $Q=0$）。分析 u_O 与 u_I 的频率关系。

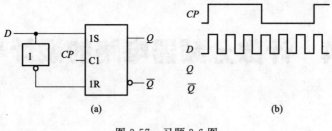

图 3-57 习题 3-6 图

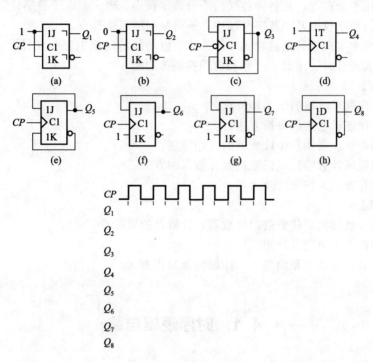

图 3-58 习题 3-7 图

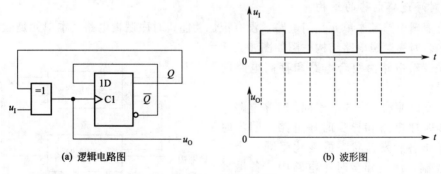

图 3-59 习题 3-8 图

3-9 试画出图 3-60 所示电路的 Q_1、Q_2 端的波形（设初态 $Q_1 = Q_2 = 0$）。

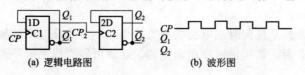

图 3-60 习题 3-9 图

项目 4　计数分频器电路的设计与制作

【项目目标】

计数器应用十分广泛，从各种各样的小型数字仪表，到大型电子数字计算机，几乎是无所不在，是任何数字仪表乃至数字系统中，不可缺少的组成部分。

计数器是用来实现累计电路输入 CP 脉冲个数功能的时序电路。在计数功能的基础上，计数器还可以实现计时、定时、分频和自动控制等功能。

【知识目标】

① 理解时序逻辑电路的结构和特点。

② 掌握时序逻辑电路的分析方法。

③ 理解同步计数器和异步计数器的工作原理。

④ 掌握用集成计数器构成任意进制计数器的方法。

⑤ 掌握寄存器的工作原理及运用。

【能力目标】

① 用集成计数器构成任意进制计数器，计数器的级联。

② 寄存器的工作原理及运用。

③ 掌握计数、分频电路组成、工作原理及制作方法。

4.1　时序逻辑电路

4.1.1　时序逻辑电路的结构与特点

1）时序逻辑电路的结构

组合逻辑电路基本单元是门电路，没有记忆功能；时序逻辑电路基本单元是触发器，有记忆功能。时序逻辑电路结构框图如图 4-1 所示。

时序逻辑电路由组合电路和存储电路两部分构成。

按触发脉冲输入方式的不同，时序电路可分为同步时序电路和异步时序电路。同步时序电路是指各触发器状态的变化受同一个时钟脉冲控制；而在异步时序电路中，各触发器状态的变化不受同一个时钟脉冲控制。

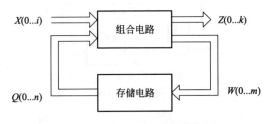

图 4-1　时序逻辑电路结构框图

2）时序逻辑电路的特点

（1）逻辑功能特点

在数字电路中，凡是任何时刻电路的稳态输出，不仅和该时刻的输入信号有关，而且还取决于电路原来状态者，都叫做时序逻辑电路。这既可以看成是时序逻辑电路的定义，也是逻辑功能的特点。

（2）电路组成特点

时序逻辑电路的状态是由存储电路来记忆和表示的，所以从电路组成看，时序电路一定包含有作为存储单元的触发器。实际上，时序电路的状态，就是依靠触发器记忆和表示的，时序电路中可以没有组合电路，但不能没有触发器。

3）时序电路逻辑功能表示方法

其实，触发器也是时序电路，只不过因其功能十分简单，一般情况下仅当作基本单元电路处理罢了。即使从电路组成上看，触发器也是时序电路，如同门电路也是组合电路一样。由此可以推论出表示触发器逻辑功能的几种方法，对于时序电路都是适用的。即逻辑表达式、状态表、卡诺图、状态图和时序图。

4.1.2　时序电路的分析方法

分析时序电路的目的是确定已知电路的逻辑功能和工作特点。具体步骤如下。

（1）写相关方程式——时钟方程、驱动方程和输出方程。

（2）求各个触发器的状态方程。

（3）求出对应状态值——列状态表、画状态图和时序图。

（4）归纳上述分析结果，确定时序电路的功能。

1）分析的一般步骤

（1）写方程式

仔细观察、分析给定时序电路，然后再逐一写出。

① 时钟方程：各个触发器时钟信号的逻辑表达式。

② 驱动方程：各个触发器同步输入端信号的逻辑表达式。

③ 输出方程：时序电路各个输出信号的逻辑表达式。

（2）求状态方程

把驱动方程代入相应触发器的特性方程，即可求出时序电路的状态方程，也就是各个触发器次态输出的逻辑表达式，因为任何时序电路的状态，都是由组成该时序电路的各个触发器来记忆和表示的。

（3）进行计算

把电路输入和现态的各种可能取值，代入状态方程和输出方程进行计算，求出相应的次态和输出。这里要注意以下事项：

① 状态方程有效的时钟条件，凡不具备时钟条件者，方程式无效，也就是说触发器将保持原来状态不变；

② 电路的现态，就是组成该电路各个触发器的现态的组合；

③ 不能漏掉任何要能出现的现态和输入的取值；

④ 现态的起始值如果给定了，则可以从给定值开始依次进行计算，倘若未给定，那么就可以从自己设定的起始值开始依次计算。

（4）画状态图或列状态表、画时序图

画状态图或列状态表、画时序图时应注意以下两点：

① 状态转换是由现态转换到次态，不是由现态转换到现态，更不是由次态转换到次态；

② 画时序图时要明确，只有当 CP 触发沿到来时相应触发器才会更新状态，否则只会保持原状不变。

（5）电路功能说明

一般情况下，用状态图或状态表就可以反映电路的工作特性。但是，在实际应用中，各个输入、输出信号都有确定的物理含义，因此，常常需要结合这些信号的物理含义，进一步

说明电路的具体功能，或者结合时序图说
明对时钟脉冲与输入、输出及内部变量之
间的时间关系。

2）分析举例

【例 4-1】分析如图 4-2 所示的时序电
路的逻辑功能。

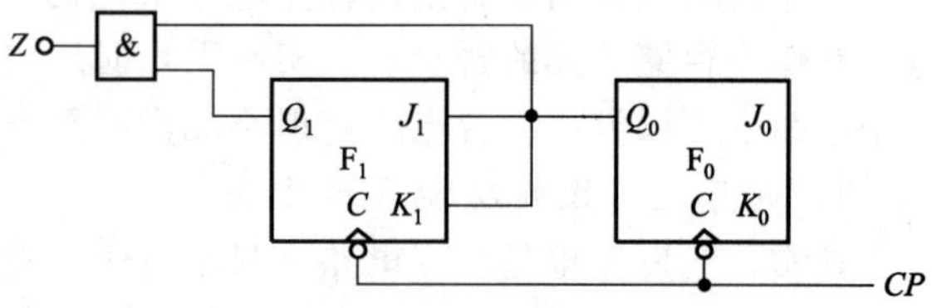

解：

（1）写相关方程式。

① 时钟方程：$CP_0 = CP_1 = CP\downarrow$

② 驱动方程

$J_0 = K_0 = 1$

$J_1 = K_1 = Q_0^n$

③ 输出方程

$Z = Q_1 Q_0$

（2）求各个触发器的状态方程。

JK 触发器特性方程为

$$Q^{n+1} = J\overline{Q^n} + \overline{K}Q^n$$

将对应驱动方程分别代入特性方程，进
行化简变换可得状态方程：

$$Q_0^{n+1} = \overline{Q_0^n}$$

$$Q_1^{n+1} = Q_0^n \overline{Q_1^n} + \overline{Q_0^n} Q_1^n$$

（3）求出对应状态值。

① 列状态表：列出电路输入信号和触发
器原态的所有取值组合，代入相应的状态方
程，求得相应的触发器次态及输出，列表得到状态表 4-1。

② 画状态图如图 4-3（a）所示，画时序图如图 4-3（b）所示。

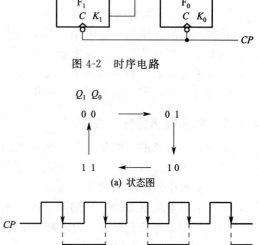

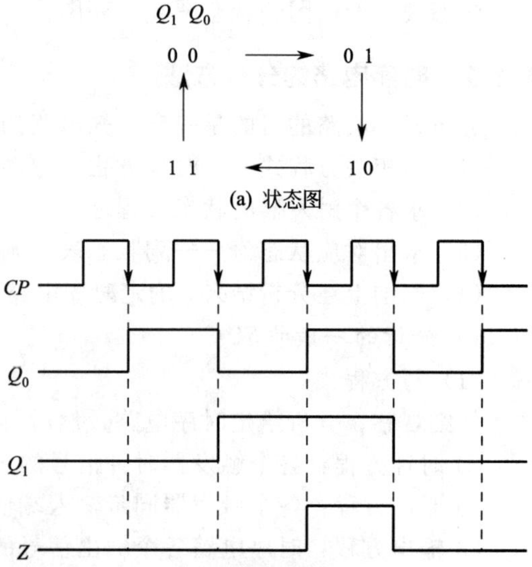

图 4-2　时序电路

图 4-3　时序电路对应图形

表 4-1　状 态 表

Q_1^n	Q_0^n	Q_1^{n+1}	Q_0^{n+1}	Z	Q_1^n	Q_0^n	Q_1^{n+1}	Q_0^{n+1}	Z
0	0	0	1	0	1	0	1	1	1
0	1	1	0	0	1	1	0	0	0

（4）归纳上述分析结果，确定该时序电路的逻辑功能。

综上所述，此电路是带进位输出的同步四进制加法计数器电路。

N 进制计数器同时也是一个 N 分频器。

4.2　寄存器

4.2.1　数据寄存器

寄存器是一种基本时序电路，在各种数字系统中，几乎是无所不在。因为任何现代数字
系统，都必须把需要处理的数据、代码先寄存起来，以便随时取用。

数据寄存器又称数据缓冲储存器或数据锁存器，其功能是接收、存储和输出数据，主要

由触发器和控制门组成。n 个触发器可以储存 n 位二进制数据。

1）双拍式数据寄存器

（1）电路组成。如图 4-4 所示。

（2）工作原理。在接收存放输入数据时，需要两拍才能完成：一拍清零，二拍接收数据。

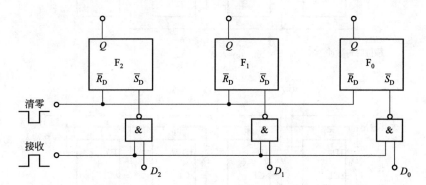

图 4-4　双拍式三位数据寄存器

此类寄存器如果在接收寄存数据前不清零，就会出现接收存放数据错误。

2）单拍式数据寄存器

（1）电路组成。如图 4-5 所示。

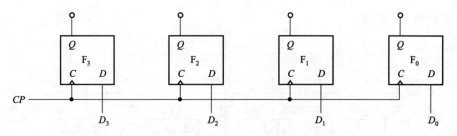

图 4-5　单拍式四位二进制数据寄存器

（2）工作原理。接收寄存数据只需一拍即可，无须先进行清零。当接收脉冲 CP 有效时，输入数据 $D_3 D_2 D_1 D_0$ 直接存入触发器，故称为单拍式数据寄存器。

4.2.2　移位寄存器

移位寄存器除了接收、存储、输出数据以外，同时还能将其中寄存的数据按一定方向进行移动。移位寄存器有单向和双向移位寄存器之分。

1）单向移位寄存器

单向移位寄存器只能将寄存的数据在相邻位之间单方向移动。按移动方向分为左移移位寄存器和右移移位寄存器两种类型。右移、左移移位寄存器电路如图 4-6 所示。

图 4-6 所示是用边沿 D 触发器构成的单向移位寄存器。从电路结构看，它有两个基本特征：一是由相同存储单元组成，存储单元个数就是移位寄存器的位数；二是各个存储单元共用一个时钟信号——移位操作命令，电路工作是同步的，属于同步时序电路。

2）双向移位寄存器

既可将数据左移、又可右移的寄存器称为双向移位寄存器。

把左移和右移移位寄存器组合起来，加上移位方向控制信号，便可方便地构成双向移位

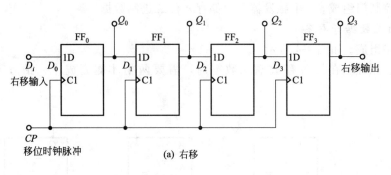

(a) 右移

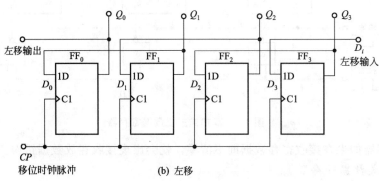

(b) 左移

图 4-6　基本的单向移位寄存器

寄存器。如图 4-7 所示。

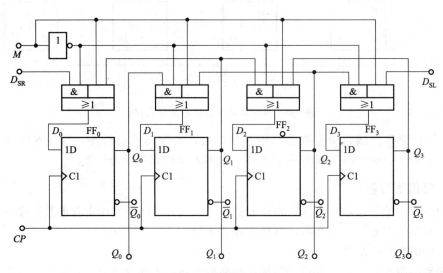

图 4-7　双向移位寄存器

当 $M=0$ 时右移、$M=1$ 时左移。D_{SL} 是左移串行输入端，而 D_{SR} 是右移串行输入端。

3）集成移位寄存器

集成移位寄存器产品较多，现以比较典型的 4 位双向移位寄存器 74LS194 为例，做简单说明。

4 位双向移位寄存器 74LS194 引出端排列图和逻辑功能示意图如图 4-8 所示。

Cr：清 0 端—低电平有效；D_{SR}：右移输入端，Q_0：右移串行输出端；D_{SL}：左移输入

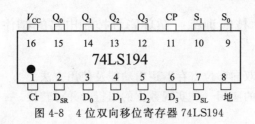

图 4-8　4 位双向移位寄存器 74LS194

端，Q_3：左移串行输出端；$D_3 \sim D_0$：并行数码输入端 $Q_3 \sim Q_0$：并行数码输出端；$S_1 S_0$ ($M_1 M_0$)：工作状态控制端。CP 是时钟脉冲-移位操作信号，74LS194 功能如表 4-2 所示。

4）移位寄存器的应用

（1）实现数据传输方式的转换

在数字电路中，数据的传送方式有串行和并行两种，而移位寄存器可实现数据传送方式的转换。如图 4-9 所示，既可将串行输入转换为并行输出，也可将串行输入转换为串行输出。

（2）构成移位型计数器

表 4-2　74LS194 的功能表

$\overline{CR}$	S_1	S_0	CP	功能	$\overline{CR}$	S_1	S_0	CP	功能
0	$\times$	$\times$	$\times$	清　零	1	1	0	$\uparrow$	左　移
1	0	0	$\times$	保　持	1	1	1	$\uparrow$	并行输入
1	0	1	$\uparrow$	右　移					

① 环形计数器。环形计数器是将单向移位寄存器的串行输入端和串行输出端相连，构成一个闭合的环，如图 4-9（a）所示。

实现环形计数器时，必须设置适当的初态，且输出 $Q_3 Q_2 Q_1 Q_0$ 端初始状态不能完全一致（即不能全为 "1" 或 "0"），这样电路才能实现计数，环形计数器的进制数 N 与移位寄存器内的触发器个数 n 相等，即 $N=n$，状态变化如图 4-9（b）所示（电路中初态为 0100）。

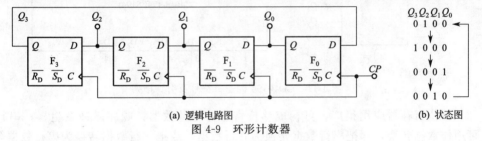

(a) 逻辑电路图　　　　　　　　　　　　　　(b) 状态图
图 4-9　环形计数器

② 扭环形计数器。实现扭环形计数器时，不必设置初态。扭环形计数器的进制数 N 与移位寄存器内的触发器个数 n 满足 $N=2n$ 的关系，状态变化如图 4-10（b）所示。

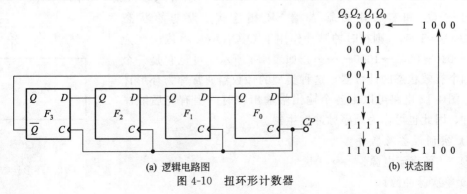

(a) 逻辑电路图　　　　　　　　　　　　(b) 状态图
图 4-10　扭环形计数器

技能训练　循环彩灯控制电路的制作

1）训练目的

① 掌握中规模 4 位双向移位寄存器逻辑功能及使用方法。

② 熟悉移位寄存器的应用——实现数据的串行、并行转换。

2）实训原理

（1）移位寄存器是一个具有移位功能的寄存器，是指寄存器中所存的代码能够在移位脉冲的作用下依次左移或右移。既能左移又能右移的称为双向移位寄存器，只需要改变左、右移的控制信号便可实现双向移位要求。根据移位寄存器存取信息的方式不同分为：串入串出、串入并出、并入串出、并入并出四种形式。

本实验选用的 4 位双向通用移位寄存器，型号为 CD40194 或 74LS194，两者功能相同，可互换使用，其逻辑符号及引脚排列如图 4-11 所示。

其中 D_0、D_1、D_2、D_3 为并行输入端；Q_0、Q_1、Q_2、Q_3 为并行输出端；S_R 为右移串行输入端，S_L 为左移串行输入端；S_1、S_0 为操作模式控制端；$\overline{C}_R$ 为直接无条件清零端；CP 为时钟脉冲输入端。

CD40194 有 5 种不同操作模式：并行送数寄存，右移（方向由 $Q_0 \sim Q_3$），左移（方向由 $Q_3 \sim Q_0$），保持及清零。

S_1、S_0 和 $\overline{C}_R$ 端的控制作用如表 4-3。

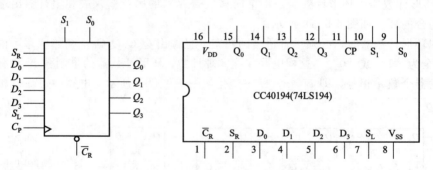

图 4-11　CD40194 的逻辑符号及引脚排列

（2）移位寄存器应用很广，可构成移位寄存器型计数器；顺序脉冲发生器；串行累加器；可用作数据转换，即把串行数据转换为并行数据，或把并行数据转换为串行数据等。本实验研究移位寄存器用作环形计数器和数据的串、并行转换。

把移位寄存器的输出反馈到它的串行输入端，就可以进行循环移位，如图 4-12 所示，把输出端 Q_3 和右移串行输入端 SR 相连接，设初始状态 $Q_0Q_1Q_2Q_3 = 1000$，则在时钟脉冲作用下 $Q_0Q_1Q_2Q_3$ 将依次变为 $0100 \to 0010 \to 0001 \to 1000 \to \cdots\cdots$，如表 4-4 所示，可见它是一个具有四个有效状态的计数器，这种类型的计数器通常称为环形计数器。图 4-12 电路可以由各个输出端输出在时间上有先后顺序的脉冲。因此也可作为顺序脉冲发生器。

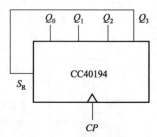

图 4-12　环形计数器

3）实训设备及器件

① +5V 直流电源；

② 单次脉冲源；

③ 逻辑电平开关；

④ 逻辑电平显示器；

⑤ 74LS194 ×2，74LS20×1，74LS08×1，74LS04×1。

表 4-3 S_1、S_0 和 C_R 端的控制作用

功能	输入									输出			
	CP	$\overline{C}_R$	S_1	S_0	S_R	S_L	D_0	D_1	D_2	D_3	Q_0	Q_1	Q_2	Q_3
清除	$\times$	0	$\times$	$\times$	$\times$	$\times$	$\times$	$\times$	$\times$	$\times$	0	0	0	0
送数	$\uparrow$	1	1	1	$\times$	$\times$	a	b	c	d	a	b	c	d
右移	$\uparrow$	1	0	1	D_{SR}	$\times$	$\times$	$\times$	$\times$	$\times$	D_{SR}	Q_0	Q_1	Q_2
左移	$\uparrow$	1	1	0	$\times$	D_{SL}	$\times$	$\times$	$\times$	$\times$	Q_1	Q_2	Q_3	D_{SL}
保持	$\uparrow$	1	0	0	$\times$	$\times$	$\times$	$\times$	$\times$	$\times$	$Q_0{}^n$	$Q_1{}^n$	$Q_2{}^n$	$Q_3{}^n$
保持	$\downarrow$	1	$\times$	$\times$	$\times$	$\times$	$\times$	$\times$	$\times$	$\times$	$Q_0{}^n$	$Q_1{}^n$	$Q_2{}^n$	$Q_3{}^n$

表 4-4 时钟状态

CP	Q_0	Q_1	Q_2	Q_3	CP	Q_0	Q_1	Q_2	Q_3
0	1	0	0	0	2	0	0	1	0
1	0	1	0	0	3	0	0	0	1

4）实训内容

（1）测试 74LS194 的逻辑功能

$\overline{C}_R$、S_1、S_0、S_L、S_R、D_0、D_1、D_2、D_3 分别接至逻辑开关的输出插口。Q_0、Q_1、Q_2、Q_3 接至逻辑电平显示输入插口。CP 端接单次脉冲源，按表 4-5 所规定的输入状态，逐项进行测试。

① 清除：令 $\overline{C}_R$ =0，其它输入均为任意态，这时寄存器输出 Q_0、Q_1、Q_2、Q_3 应均为 0。清除后，置 $\overline{C}_R$ =1。

② 送数：令 $\overline{C}_R$ = S_1 = S_0 =1，送入任意 4 位二进制数，如 D_0 D_1 D_2 D_3 =abcd，加 CP 脉冲，观察 CP=0、CP 由 0→1、CP 由 1→0 三种情况下寄存器输出状态的变化，观察寄存器输出状态变化是否发生在 CP 脉冲的上升沿。

③ 右移：清零后，令 $\overline{C}_R$ =1，S_1 =0，S_0 =1，由右移输入端 S_R 进入二进制数码如 0100，由 CP 端连续加 4 个脉冲，观察输出情况，记录之。

④ 左移：先清零或预置，再令 $\overline{C}_R$ =1，S_1 =1，S_0 =0，由左移输入端 S_L 送入二进制数码如 1111，连续加四个脉冲，观察输出端情况，记录之。

⑤ 保持：寄存器预置任意 4 位二进制数码 abcd，令 $\overline{C}_R$ =1，S_1 = S_0 =0，加 CP 脉冲，观察寄存器输出状态，记录。

表 4-5 输入状态

清除	模式		时钟	串行		输入				输出				功能总结
$\overline{C}_R$	S_1	S_0	CP	S_L	S_R	D_0	D_1	D_2	D_3	Q_0	Q_1	Q_2	Q_3	
0	$\times$	$\times$	$\times$	$\times$	$\times$	$\times$	$\times$	$\times$	$\times$					
1	1	1	$\uparrow$	$\times$	$\times$									
1	0	1	$\uparrow$	$\times$	0	$\times$	$\times$	$\times$	$\times$					
1	0	1	$\uparrow$	$\times$	1	$\times$	$\times$	$\times$	$\times$					
1	0	1	$\uparrow$	$\times$	0	$\times$	$\times$	$\times$	$\times$					

续表

清除	模式		时钟	串行		输入				输出	功能总结
1	0	1	↑	×	0	×	×	×	×		
1	1	0	↑	1	×	×	×	×	×		
1	1	0	↑	1	×	×	×	×	×		
1	1	0	↑	1	×	×	×	×	×		
1	1	0	↑	1	×	×	×	×	×		
1	0	0	↑	×	×	×	×	×	×		

（2）循环彩灯控制

① 按图 4-12 $Q_3Q_2Q_1Q_0$ 接逻辑电平显示器，CP 接频率可调的方波信号源，调 CP 频率看循环彩灯循环速度变化；

② 将右移改为左移。

5）项目报告

（1）分析表 4-5 的实验结果，总结移位寄存器 CD40194 的逻辑功能。

（2）根据项目内容的结果，画出 4 位环形计数器的状态转换图及波形图。

4.3　计数器

4.3.1　计数器的特点和分类

1）计数和计数器的概念

（1）计数的概念

人们在日常生活、工作、学习、生产及科研中，到处都遇到计数问题，总也离不开计数。在商场购物交款要计数，看时间、量温度要计数，清点人数、记录成绩要计数，统计产品、了解生产情况要计数……总之，人们做任何事情都应心中有数，广义地讲就是计数。所以，计数是十分重要的概念。

（2）计数器

广义地讲，一切能够完成计数工作的器物都是计数器，算盘是计数器，里程表是计数器，钟表是计数器，温度计等都是计数器，具体的各式各样的计数器，可以说是不胜枚举，无计其数。

（3）数字电路中的计数器

在数字电路中，把记忆输入 CP 脉冲个数的操作叫做计数，能实现计数操作的电子电路称为计数器。它的主要特点如下。

① 一般地说，输入计数脉冲 CP 是当作触发器的时钟信号对待的。

② 从电路组看，其主要组成单元是时钟触发器。

计数器应用十分广泛，从各种各样的小型数字仪表，到大型电子数字计算机，几乎是无所不在，是任何数字仪表乃至数字系统中，不可缺少的组成部分。

计数器是用来实现累计电路输入 CP 脉冲个数功能的时序电路。在计数功能的基础上，计数器还可以实现计时、定时、分频和自动控制等功能，应用十分广泛。

2）计数器的分类

（1）按数的进制分

① 二进制计数器。当输入计数脉冲到来时，按二进制规律进行计数的电路都叫做二进制计数器。

② 十进制计数器。按十进制数规律进行计数的电路称为十进制计数器。

③ N 进制计数器。

除了二进制和十进制计数器之外的其它进制的计数器，都叫做 N 进制计数器，例如，$N=12$ 时的 12 进制计数器，$N=60$ 时的 60 进制计数器等。

（2）按计数时是递增还是递减分

① 加法计数器。当输入计数器脉冲到来时，按递增规律进行计数的电路叫做加法计数器。

② 减法计数器。当输入计数脉冲到来时，进行递减计数的电路称为减法计数器。

③ 可逆计数器。在加减信号的控制下，既可进行递增计数，也可进行递减计数的电路叫做可逆计数器。

（3）按计数器中触发器翻转是否同步分

① 同步计数器。当输入计数脉冲到来时，要更新状态的触发器都是同时翻转的计数器，叫做同步计数器。从电路结构上看，计数器中各个时钟触发器的时钟信号都是输入计数脉冲。

② 异步计数器。当输入计数脉冲到来时，要更新状态的触发器，有的先翻转有的后翻转，是异步进行的，这种计数器称为异步计数器。从电路结构上看，计数器中各个时钟触发器，有的触发器其时钟信号是输入计数脉冲，有的触发器其时钟信号却是其它触发器的输出。

（4）按计数器中使用的开关元件分

① TTL 计数器。这是一种问世较早、品种规格十分齐全的计数器，多为中规模集成电路。

② CMOS 计数器。问世较 TTL 计数器晚，但品种规格也很多，它具有 CMOS 集成电路的共同特点，集成度可以做得很高。

总之，计数器不仅应用十分广泛，分类方法不少，而且规格品种也很多。但是，就其工作特点、基本分析及设计方法而言，差别不大。下面将从综合角度摘要讲解。

4.3.2　二进制计数器

1）二进制异步计数器

所谓异步计数器是指各触发器的计数脉冲 CP 端没有连在一起，即各触发器不受同一 CP 脉冲的控制，在不同的时刻翻转。

二进制异步计数器是计数器中最基本的形式，一般由 T' 型（计数型）的触发器连成，计数脉冲加到最低位触发器的 CP 端。

（1）二进制异步加法计数器

异步加法计数器状态见表 4-6，图示如图 4-13～图 4-15 所示。

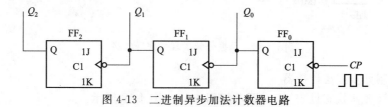

图 4-13　二进制异步加法计数器电路

表 4-6　异步加法计数器状态表

CP 脉冲序号	计数器状态			CP 脉冲序号	计数器状态		
	Q_2	Q_1	Q_0		Q_2	Q_1	Q_0
0	0	0	0	5	1	0	1
1	0	0	1	6	1	1	0
2	0	1	0	7	1	1	1
3	0	1	1	8	0	0	0
4	1	0	0				

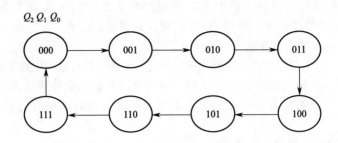

图 4-14   异步加法计数器状态图

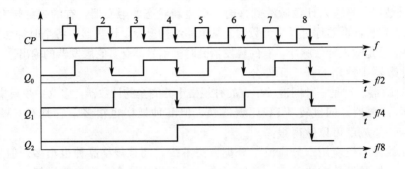

图 4-15   异步加法计数器的时序图及其分频功能

分频作用在实际电子产品中应用十分广泛。除了 2 分频外，还有 10 分频等其他形式，用一个十进制计数器即可以实现 10 分频。例如，石英钟的机芯晶振的频率 f_i 为 1MHz，为了得到时钟的秒（即 1Hz）信号输出频率 f_o，可以采用六个十进制计数器进行 10^6 分频来实现，如图 4-16 所示。

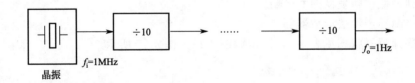

图 4-16   晶振分频实现秒信号电路

（2）二进制异步减法计数器

异步减法计数器状态见表 4-7，图示如图 4-17～图 4-19 所示。

表 4-7   异步减法计数器状态表

CP 脉冲序号	计数器状态			CP 脉冲序号	计数器状态		
	Q_2	Q_1	Q_0		Q_2	Q_1	Q_0
0	0	0	0	5	0	1	1
1	1	1	1	6	0	1	0
2	1	1	0	7	0	0	1
3	1	0	1	8	0	0	0
4	1	0	0				

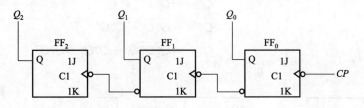

图 4-17　二进制异步减法计数器

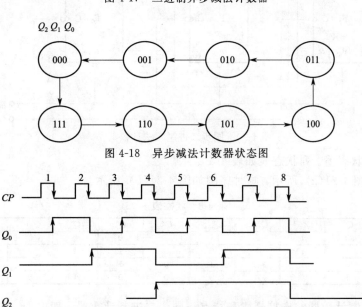

图 4-18　异步减法计数器状态图

图 4-19　二进制异步减法计数器的时序图

异步计数器的特点：异步计数器结构简单，电路工作可靠；缺点是速度较慢，这是因为计数脉冲 CP 只加在最低位 FF_0 触发器的 CP 端，其它高位触发器要由相邻的低位触发器的输出端来触发，因而各触发器的状态变化不是同时进行，而是"异步"的。

2）二进制同步计数器

现以 3 位二进制同步减法计数器为例，说明二进制同步减法计数器的构成方法和连接规律。

① 结构示意框图与状态图。同步二进制计数器电路如图 4-20 所示。

分析过程：

a. 写相关方程式。

时钟方程：

$$CP_0 = CP_1 = CP_2 = CP \downarrow$$

驱动方程：

$$J_0 = K_0 = 1 \qquad J_1 = K_1 = \overline{Q_0^n} \qquad J_2 = K_2 = \overline{Q_1^n Q_0^n}$$

b. 求各个触发器的状态方程。

JK 触发器特性方程为

$$Q^{n+1} = J\overline{Q^n} + \overline{K}Q^n$$

将对应驱动方程式分别代入 JK 触发器特性方程式，进行化简变换可得状态方程：

$$Q_0^{n+1} = \overline{Q_0^n}$$

$$Q_1^{n+1} = \overline{Q_1^n Q_0^n} + Q_1^n Q_0^n$$

$$Q_1^{n+1} = \overline{Q_2^n Q_1^n Q_0^n} + Q_2^n Q_1^n + Q_2^n Q_0^n$$

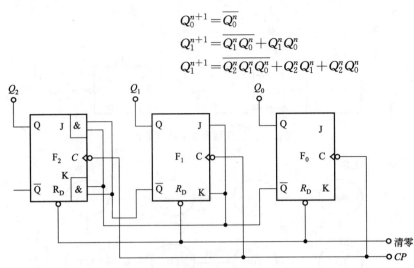

图 4-20　同步二进制减法计数器

c. 求出对应状态值。列状态表如表 4-8 所示。

画状态图如图 4-21(a) 所示，画时序图如图 4-21(b) 所示。

表 4-8　状态表

Q_2^n	Q_1^n	Q_0^n	Q_2^{n+1}	Q_1^{n+1}	Q_0^{n+1}	Q_2^n	Q_1^n	Q_0^n	Q_2^{n+1}	Q_1^{n+1}	Q_0^{n+1}
0	0	0	1	1	1	1	0	0	0	1	1
1	1	1	1	1	0	0	1	1	0	1	0
1	1	0	1	0	1	0	1	0	0	0	1
1	0	1	1	0	0	0	0	1	0	0	0

② 同步二进制计数器的连接规律和特点。同步二进制计数器一般由 JK 触发器和门电路构成，有 N 个 JK 触发器，就是 N 位同步二进制计数器。连接规律是：

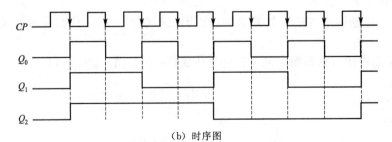

（a）状态图

（b）时序图

图 4-21　同步计数器状态图

a. 所有 CP 接在一起，上升沿或下降沿均可。

b. 加法计数　　　　　　　$J_0 = K_0 = 1$

$$J_i = K_i = Q_{i-1}^n \cdot Q_{i-2}^n \cdots Q_0^n \qquad [(n-1) \geqslant i \geqslant 1]$$

减法计数　　　　　　　$J_0 = K_0 = 1$

$$J_i = K_i = \overline{Q_{i-1}^n Q_{i-2}^n \cdots Q_0^n} \qquad [(n-1) \geqslant i \geqslant 1]$$

3）同步非二进制计数器

分析图 4-22 所示同步非二进制计数器的逻辑功能。

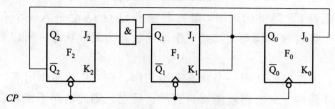

图 4-22　同步非二进制计数器

（1）写相关方程式。

时钟方程为：

$$CP_0 = CP_1 = CP_2 = CP \downarrow$$

驱动方程为：

$$J_0 = \overline{Q_2^n} \qquad K_0 = 1$$
$$J_1 = Q_0^n \qquad K_1 = Q_0^n$$
$$J_2 = Q_1^n Q_0^n \qquad K_2 = 1$$

（2）求各个触发器的状态方程。

JK 触发器特性方程为：

$$Q^{n+1} = J\overline{Q^n} + \overline{K}Q^n$$

将对应驱动方程式分别代入 JK 触发器特性方程式，进行化简变换可得状态方程：

$$Q_0^{n+1} = \overline{Q_2^n Q_0^n}$$
$$Q_1^{n+1} = \overline{Q_1^n}Q_0^n + Q_1^n \overline{Q_0^n}$$
$$Q_1^{n+1} = \overline{Q_2^n}Q_1^n Q_0^n$$

（3）求出对应状态值。列状态表如表 4-9 所示。画状态图如图 4-23（a）所示，画时序图如图 4-23(b) 所示。

表 4-9　状态表

Q_2^n	Q_1^n	Q_0^n	Q_2^{n+1}	Q_1^{n+1}	Q_0^{n+1}	Q_2^n	Q_1^n	Q_0^n	Q_2^{n+1}	Q_1^{n+1}	Q_0^{n+1}
0	0	0	0	0	1	1	0	0	0	0	0
0	0	1	0	1	0	1	0	1	0	1	0
0	1	0	0	1	1	1	1	0	0	1	0
0	1	1	1	0	0	1	1	1	0	0	0

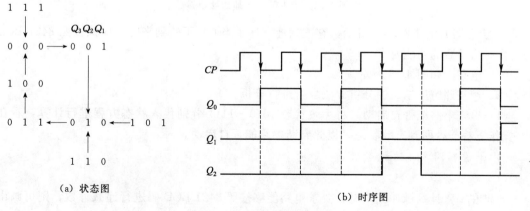

（a）状态图

（b）时序图

图 4-23 同步计数器对应图形

（4）归纳分析结果，确定该时序电路的逻辑功能。从时钟方程可知该电路是同步时序电路。从表 4-9 所示状态表可知：计数器输出 $Q_2Q_1Q_0$ 共有八种状态 000～111。从图 4-23（a）所示状态图可知：随着 CP 脉冲的递增，触发器输出 $Q_2Q_1Q_0$ 会进入一个有效循环过程，此循环过程包括了五个有效输出状态，其余三个输出状态为无效状态，所以要检查该电路能否自启动。

检查的方法是：不论电路从哪一个状态开始工作，在 CP 脉冲作用下，触发器输出的状态都会进入有效循环圈内，此电路就能够自启动；反之，则此电路不能自启动。

综上所述，此电路是具有自启动功能的同步五进制加法计数器。

4.3.3 十进制计数器

使用最多的十进制计数器是按照 8421 BCD 码进行计数的电路，下面分别讲解。

1）十进制同步加法计数器

（1）结构示意框图和状态图

① 结构示意框图如图 4-24(a) 所示。CP 是输入加法计数脉冲，C 是送给高位的输出进位信号，当 CP 到来时要求电路按照 8421 BCD 码进行加法计数。所谓十进制计数器，说得准确些应该是 1 位十进制计数器。

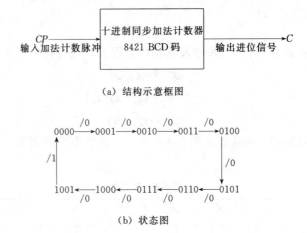

（a）结构示意框图

（b）状态图

排列：$Q_3^nQ_2^nQ_1^nQ_0^n/C$

图 4-24 十进制同步加法计数器

② 状态图如图 4-24(b) 所示，它准确地表达了当 CP 不断到来时，应该按照 8421 BCD 码进行递增计数的功能要求。

（2）电路图如图 4-25 所示。

（3）请按照时序电路的分析方法自行进行分析。

（4）检查电路能否自启动。将无效状态 1010～1111 分别代入状态方程进行计算，看在 CP 操作下都能否回到有效状态，以此判断电路能否自启动。

2）十进制同步减法计数器

（1）画状态图

如果在输入计数脉冲到来时，要求电路能够按照 8421 BCD 码进行递减计数，则可画出如图 4-26 所示的状态图。

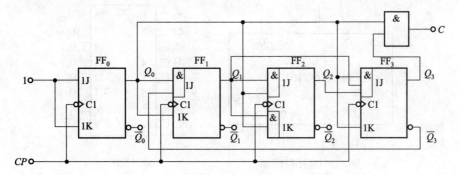

图 4-25　十进制同步加法计数器电路图

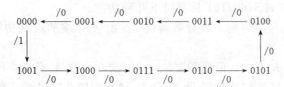

图 4-26　十进制同步减计数器的状态图

（2）逻辑电路图

逻辑电路图如图 4-27 所示。

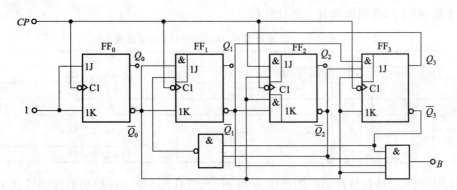

图 4-27　十进制同步减法计数器逻辑电路图

（3）请按照时序电路的分析方法自行进行分析。

（4）检查电路能否自启动

将无效状态 1010~1111 分别代入状态方程进行计算，看在 CP 操作下都能否回到有效状态，以此判断电路能否自启动。

4.3.4　集成计数器

1）集成同步计数器 74LS161

74LS160~163 均在计数脉冲 CP 的上升沿作用下进行加法计数，其中 74LS160/161 二者外引线相同，逻辑功能也相同，所不同的是 74LS160 为十进制，而 74LS161 为十六进制。下面以 74LS160/161 为例作介绍。

（1）器件符号与外引线图

如图 4-28(a)、(b) 所示。

（2）器件功能分析

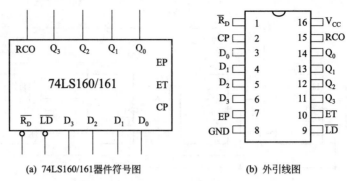

(a) 74LS160/161器件符号图　　　　(b) 外引线图

图 4-28　器件符号与外引线图

由表 4-10 可知，74LS160/161 具有以下几种功能。

① 异步清零。当 $\overline{R_D}=0$ 时，使计数器清 0。由于 $\overline{R_D}$ 端的清 0 功能不受 CP 控制，故称为异步清零。

② 同步置数。当 $\overline{LD}=0$，但还需要 $\overline{R_D}=1$（清 0 无效），且逢 $CP=CP\uparrow$ 时，使 $Q_3Q_2Q_1Q_0=D_3D_2D_1D_0$，即将初始数据 $D_3D_2D_1D_0$ 送到相应的输出端，实现同步预置数据。

③ 保持功能。当 $\overline{R_D}=\overline{LD}=1$，同时 EP、ET 中有一个为 0 时，无论有无计数脉冲 CP 输入，计数器输出保持原状态不变。

④ 计数功能。当 $\overline{R_D}=\overline{LD}=EP=ET=1$（均无效），且逢 $CP=CP\uparrow$ 时，74LS160/161 按十进制/十六进制加法方式进行计数。

表 4-10　集成计数器 74LS160/161 的功能表

输入						输出				功能说明
$\overline{R_D}$	$\overline{LD}$	EP	ET	CP	$D_3\ D_2\ D_1\ D_0$	Q_3	Q_2	Q_1	Q_0	
0	×	×	×	×	× × × ×	0	0	0	0	异步清零
1	0	×	×	↑	$d_3\ d_2\ d_1\ d_0$	d_3	d_2	d_1	d_0	同步置数
1	1	0	×	×	× × × ×	Q_3	Q_2	Q_1	Q_0	保持
1	1	×	0							
1	1	1	1	↑	× × × ×	同步加法计数				计数

74LS160QCC 进位脉冲波形图如图 4-29 所示。74LS160～163 的功能比较见表 4-11。

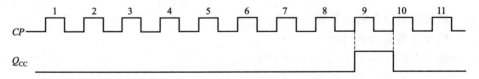

图 4-29　74LS160 QCC 进位脉冲波形图

注意：逢十进一，来 10 个 CP 上升沿产生 1 个 Q_{CC} 下降沿。

表 4-11　74LS160～163 的功能比较

功能／型号	进制	清零	预置数
160	十进制	低电平异步	低电平同步
161	十六进制	低电平异步	低电平同步
162	十进制	低电平同步	低电平同步
163	十六进制	低电平同步	低电平同步

2）74LS190——十进制可予置同步加/减计数器

74LS190 外引线图如图 4-30 所示。

S：使能端，$S=1$ 时保持，$S=0$ 时计数。

M：加/减工作控制端，$M=0$ 时加计数，$M=1$ 时减计数。

3）计数器的级联（计数器容量的扩展）

集成计数器一般都设置有级联用的输入端和输出端，只要正确地把它们连接起来，便可得到容量更大的计数器。

（1）串行级联（异步级联）

低位进位输出端连到高位计数输入端（图 4-31）。

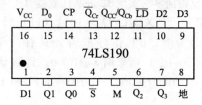

图 4-30　74LS190 外引线图

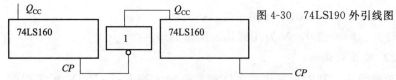

图 4-31　计数器串行级联示意图

（2）并行级联（同步级联）

$P=T=1$ 时计数，$P=T=0$ 时保持，用控制端实现级联（图 4-32）。

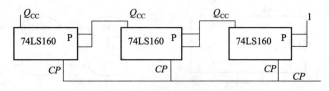

图 4-32　计数器并行级联示意图

4.3.5　用集成计数器构成任意进制（N 进制）计数器

用现有的 M 进制集成计数器构成 N 进制计数器时，如果 $M>N$，则只需一片 M 进制计数器；如果 $M<N$，则要用多片 M 进制计数器。

1）反馈清零法

反馈清零法是利用芯片的复位端和门电路，跳越 $M-N$ 个状态，从而获得 N 进制计数器的。

（1）直接清"0"复位法（异步清 0）

例如用 74LS160/161 反馈清零法实现六进制计数器，如图 4-33 所示。

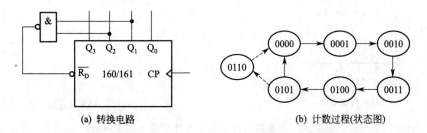

图 4-33　74LS160/161 反馈清零法实现六进制计数器

当 $Q_3Q_2Q_1Q_0=0110$ 时，$Cr=0$，清 0，计数状态如图 4-33(b) 所示，为六进制。

注意：异步清 0，N 为几清几，反馈 N。

（2）同步清"0"复位法

同步清"0"是在 CP 脉冲作用下清"0"。74LS163 具有同步清"0"功能，例如用 74LS163 反馈清零法实现 12 进制计数器（图 4-34）。

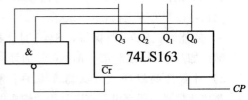

当 $Q_3 Q_2 Q_1 Q_0 = 1011$（11）时，$Cr = 0$，此时为清"0"作好准备，只有当第十二个 CP（下一个）到来时，才清 0。计数状态为

图 4-34　74LS163 反馈清零法实现 12 进制计数器

$$0000 \rightarrow 0001 \rightarrow 0010 \rightarrow 0011 \rightarrow 0100 \rightarrow 0101$$
$$\uparrow \qquad\qquad\qquad\qquad\qquad\qquad \downarrow$$
$$1011 \leftarrow 1010 \leftarrow 1001 \leftarrow 1000 \leftarrow 0111 \leftarrow 0110$$

注意：同步清 0，N 为几清几，反馈 $N-1$。

2）预置数法

预置数法是利用预置数端 $\overline{LD}$ 和数据输入端 $D_3 D_2 D_1 D_0$ 来实现的，因 $\overline{LD}$ 是同步预置数，所以只能采用 $N-1$ 值反馈法。

（1）置"0"复位（去上段）

例如用 74LS160/161 构成六进制计数如图 4-35 所示。

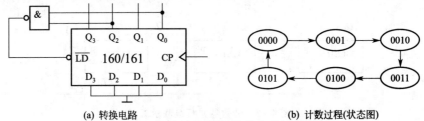

(a) 转换电路　　　　　　　　　　　(b) 计数过程(状态图)

图 4-35　74LS160/161 预置数法实现六进制计数

令 $D_3 D_2 D_1 D_0 = 0000$，当 $Q_3 Q_2 Q_1 Q_0 = 0101$（5）时，$LD = 0$ 为置数作好准备，当第六个 CP（下一个 CP）到来时，完成置数，即 $Q_3 Q_2 Q_1 Q_0 = D_3 D_2 D_1 D_0 = 0000$ 复位。状态图中的上段 0110～1111 被去掉。

注意：置"0"复位需反馈 $N-1$。提前 1 个 CP 为置数作好准备；当第 N 个 CP 到来时，完成置"0"。

（2）用进位输出置最小数（去下段）

例如用 74LS161 构成九进制计数器。电路如图 4-36 所示。

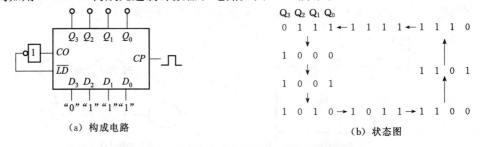

（a）构成电路　　　　　　　　　　　（b）状态图

图 4-36　预置数法构成九进制计数器（同步预置）

令 $D_3 D_2 D_1 D_0 = 0111$，当 $Q_3 Q_2 Q_1 Q_0 = 1111$（15）时，$QCC = 1$，$LD = 0$ 准备置数，当下一个 CP（16）来时置数，即 $Q_3 Q_2 Q_1 Q_0 = D_3 D_2 D_1 D_0 = 0111$，原来状态图中的下段 0000～0110 七个状态被去掉。

注意：第一个循环还是 16 进制，从第二个循环开始为九进制。$16-7=9$。需置最小数 $(16-N)$。

（3）置最大数（去中段）

用 74LS161 构成十二进制计数器如图 4-37 所示。

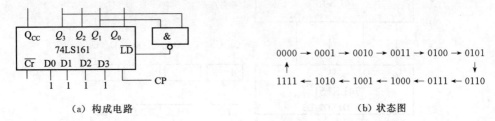

（a）构成电路 　　　　　　　　　　　　（b）状态图

图 4-37　预置数法构成十二进制计数器（同步预置）

令 $D_3D_2D_1D_0=1111$，当 $Q_3Q_2Q_1Q_0=1010$（10）时，$LD=0$ 准备置数，当下一个 CP（11 个）来时置数即 $Q_3Q_2Q_1Q_0=D_3D_2D_1D_0=1111$，计数状态如图 4-37(b) 所示。原来状态图中的中段 $1011\sim1110$ 四个状态被去掉。

注意：置最大数，需反馈 $N-2$。

小结：清"0"复位法简单，但进位端无脉冲输出，但是译码显示正常，常用于计数。置数法，译码显示不正常，但进位端有脉冲输出，常用于分频和控制。

项目制作　计数分频器电路的设计与制作

1）项目目的

① 掌握由 74LS161 构成的计数分频器的基本电路。

② 通过对计数分频器的安装和调试，使学生掌握小型实用电路的制作，培养学生的学习兴趣和动手操作能力。

2）项目要求

（1）制作要求

① 设计出电路的原理图和印制板（PCB）图。

② 列出元器件及参数清单。

③ 元器件的检测与预处理。

④ 元器件焊接与电路装配。

⑤ 在制作过程中及时发现故障并进行处理。

（2）能力要求

① 能独立进行电路工作原理的分析。

② 熟练掌握 74LS161、74LS48、74LS153、74LS00、BS207 等电子元器件识别、测量及使用。

③ 掌握电路的安装、调试方法，解决遇到的各种问题。

3）认识电路及其工作过程

（1）参考电路（图 4-38）

74LS161 为四位二进制计数器、74LS48 为显示译码器、74LS153 为四选一数选器、74LS00 为四-2 输入与非门、BS207 为数码显示器。

（2）电路原理

电路采用预置数法进行数制转换，

当 $A_1A_0=00$ 时，$Y=D_0$，为四进制计数（四分频）；

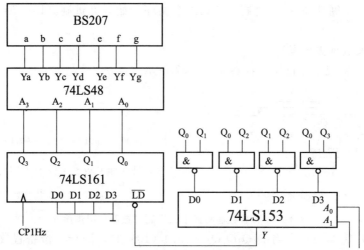

图 4-38　计数分频器电路

当 $A_1A_0=01$ 时，$Y=D_1$，为六进制计数（六分频）；

当 $A_1A_0=10$ 时，$Y=D_2$，为七进制计数（七分频）；

当 $A_1A_0=11$ 时，$Y=D_3$，为十进制计数（十分频）。

4）认识器件

74LS161、74LS48、74LS153、BS207 74LS00 各一块，熟悉 74LS161、74LS48、74LS153、BS207 74LS00 的外引脚排列图及引脚功能。

5）电路安装、焊接及测试

（1）电路安装、焊接。按照图 4-38 所示电路安装好元器件，焊接完成即可。

（2）电路测试

① 电路安装连接完毕后，对照原理图，仔细检查连接关系是否正确。

② 用万用表检测电源是否有短路问题，待确认无误后，方可通电测试。

③ 测试要求：按表 4-12 逐项进行测试看显示结果并将显示结果填进表 4-12。

④ 完成测试，并分析测量结果。

（3）74LS161CP 端输入适当频率方波信号，用双踪示波器观察 74LS161 的 QCC 与 CP 端波形，看计数器的分频作用，并画出波形。

（4）试用 74LS160、74LS48、BS207 各两块、74LS00 一块实现 24 进制计数器。要求画出电路图，并连线实现。

表 4-12　测试要求

A_1	A_0	Y	计数进制	显示结果	分频	结论	A_1	A_0	Y	计数进制	显示结果	分频	结论
0	0	D_0	4				1	0	D_2	7			
0	1	D_1	6				1	1	D_3	10			

知识梳理与总结

（1）时序逻辑电路通常由组合电路及存储电路两部分组成，有记忆的功能。常用的时序逻辑电路有计数器和寄存器。

（2）时序逻辑电路的分析步骤是写出逻辑方程组（含驱动方程、状态方程和输出方程），列出状态表，画出状态图或时序图，指出电路的逻辑功能。

（3）计数器按照 CP 脉冲的工作方式分为同步计数器和异步计数器，各有优缺点，学习的重点是集成计数器的特点和功能应用。

（4）寄存器按功能可分为数据寄存器和移位寄存器，移位寄存器既能接收、存储数据，又可将数据按一定方式移动。

（5）常用的表示时序电路逻辑功能的方法有六种：逻辑图、逻辑表达式、状态表、卡诺图、状态图和时序图。它们虽然形式不同，特点各异，但在本质上是机通的，可以互相转换。对初学者尤其要注意由逻辑图到状态图和时序图及由状态图到逻辑图的转换。

（6）无论是从电路结构和逻辑功能看，还是从表示方法着眼，乃至于从基本分析、设计方法出发，计数器都是极具典型性和代表性的时序逻辑电路，而且它的应用十分广泛、几乎是无处不在。所以作为重点，从综合角度进行了较为详细的介绍，并且还仔细地讲解了用集成计数器构成 N 进制计数器的方法。

（7）寄存器、读写存储器、顺序脉冲发生器、三态逻辑与微机接口、可编程计数器和可编程逻辑器件等也都是比较典型、应用很广的时序电路，要注意有关概念和方法的理解和学习。

练习题

4-1　选择题

1. 时序电路可由（　　）组成。

A. 门电路　　　　　B. 触发器或触发器和门电路　　　　　C. 触发器或门电路

2. 时序电路的输出状态的改变（　　）。

A. 仅与该时刻输入信号的状态有关

B. 仅与时序电路的原状态有关

C. 与所述的两个状态都有关

4-2　填空题

1. 160/161 是（　　　）清零，162/163 是（　　　）清零。

2. 反馈清零法的缺点是存在（　　　　　　）。

3. 级联方式有（　　　）和（　　　　）两种。

4-3　分析如图 4-39 所示时序电路的逻辑功能。

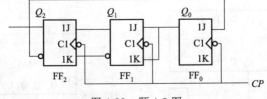

图 4-39　题 4-3 图

4-4　分析如图 4-40（a）所示时序电路的逻辑功能。要求根据如图 4-40(b) 所示的输入信号波形，对应画出输出 Q_1、Q_2 的波形。

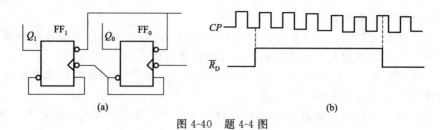

图 4-40　题 4-4 图

4-5　用示波器测得计数器的三个输出端 $Q_2 Q_1 Q_0$ 波形如图 4-41 所示，试确定该计数器的模（为几进制）。

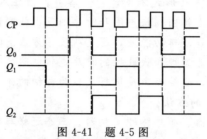

图 4-41　题 4-5 图

4-6　如图 4-42 所示电路，设初态为 $Q_1 Q_0 = 00$。试分析 FF$_0$、FF$_1$ 构成了几进制计数器（画出状态图）。

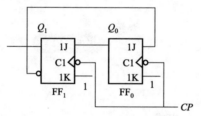

图 4-42　题 4-6 图

4-7　如图 4-43 所示为扭环形计数器电路。若电路初态 $Q_3 Q_2 Q_1 Q_0$ 预置为 0000，随着 CP 脉冲的输入，试分析其输出状态的变化，画出状态图，并简要说明其计数规律。

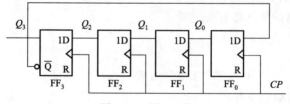

图 4-43　题 4-7 图

4-8　用 74LS160 构成的计数电路如图 4-44 所示，试分析它们各为几进制？

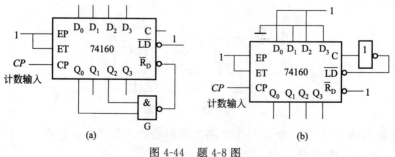

图 4-44　题 4-8 图

4-9 如图 4-45 所示是用 74LS160 构成的 N 进制计数器，请分析其为几进制计数器？

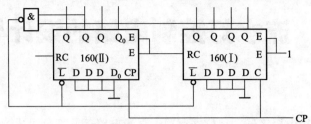

图 4-45 题 4-9 图

4-10 如图 4-46 所示是用 74LS163 构成的 N 进制计数器，请分析其为几进制计数器？

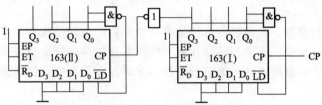

图 4-46 题 4-10 图

4-11 如图 4-47 所示是用 74LS160 构成的 N 进制计数器，请分析其为几进制计数器？

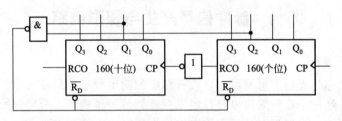

图 4-47 题 4-11 图

4-12 如图 4-48 所示是用 74LS161 构成的 N 进制计数器，请分析其为几进制计数器？

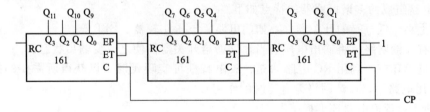

图 4-48 题 4-12 图

4-13 某工厂为了统计需要，要求设计一个 48 进制计数器，试画出利用集成计数器 74LS160 构成的电路（提示：74LS160 为十进制同步加法计数器，异步清零）。

4-14 试画出利用集成计数器 74LS160 构成的 60 进制计数器电路（提示：74LS160 为十进制同步加法计数器，异步清零）。

项目5 流水灯控制电路的设计与制作

【项目目标】

彩灯循环电路一般由振荡器，移位寄存器，显示电路等几部分组成。而555定时器可以实现多谐振荡器、单稳态触发器及施密特触发器等脉冲产生与变换电路。学生通过完成实际项目深刻理解555定时器的应用。

【知识目标】

① 了解单稳态触发器、多谐振荡器和施密特触发器的电路结构和工作原理；

② 掌握单稳态触发器、多谐振荡器和施密特触发器电路的特点与应用；

③ 掌握由555定时器构成的单稳态触发器、多谐振荡器和施密特触发器的电路。

【能力目标】

能够应用555定时器设计、制作一些实际应用电路。

5.1 脉冲信号产生与整形电路

5.1.1 多谐振荡器

多谐振荡器又称为无稳态触发器，它没有稳定的输出状态，只有两个暂稳态。在电路处于某一暂稳态后，经过一段时间可以自行触发翻转到另一暂稳态。两个暂稳态自行相互转换而输出一系列矩形波。多谐振荡器可用作方波发生器。

多谐振荡器电路是一种矩形波产生电路，这种电路不需要外加触发信号，便能连续地，周期性地自行产生矩形脉冲，该脉冲是由基波和多次谐波构成，因此称为多谐振荡器电路。

由门电路组成的多谐振荡器的特点如下。

① 产生高、低电平的开关器件，如门电路、电压比较器、BJT等。

② 具有反馈网络，将输出电压恰当地反馈给开关器件使之改变输出状态。

③ 有延迟环节，利用RC电路的充、放电特性可实现延时，以获得所需要的振荡频率（在许多实用电路中，反馈网络兼有延时的作用）。

（1）带RC延迟电路环形振荡器

电路如图5-1所示。

振荡器的振荡周期为：$T \approx 2.2RC$。调节
R和C值，可改变输出信号的振荡频率，通常
用改变C实现输出频率的粗调，改变电位器R
实现输出频率的细调。R_S为限流电阻，一般
取100Ω，电位器R要求$\leqslant 1\text{k}\Omega$，电路利用电
容C的充放电过程，控制与非门的自动启闭，
形成多谐振荡，电容C的充电时间t_{w1}、放电

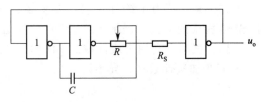

图 5-1 带 RC 延迟电路环形振荡器

时间t_{w2}和总的振荡周期T分别为$t_{w1} \approx 0.94RC$，$t_{w2} \approx 1.26RC$，$T \approx 2.2RC$。调节R和C的大小可改变电路输出的振荡频率。这种电路输出频率的稳定性较差。

（2）石英晶体多谐振荡器

电路如图 5-2 所示。当要求多谐振荡器的工作频率稳定性很高时，上述多谐振荡器的精度已不能满足要求。为此常用石英晶体作为信号频率的基准。用石英晶体与门电路构成的多谐振荡器常用来为微型计算机等提供时钟信号。图 5-2 所示为常用的晶体稳频多谐振荡器，$f = f_0$。

石英晶体多谐振荡器特点：频率稳定度高。

5.1.2　单稳态触发器

我们知道，因为触发器有两个稳定的状态，即 0 和 1，所以触发器也被称为双稳态电路。与双稳态电路不同，单稳态触发器只有一个稳定的状态，这个稳定状态要么是 0，要么是 1。单稳态触发器的工作特点如下。

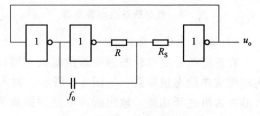

图 5-2　石英晶体多谐振荡器

（1）在没有受到外界触发脉冲作用的情况下，单稳态触发器保持在稳态。

（2）在受到外界触发脉冲作用的情况下，单稳态触发器翻转，进入"暂稳态"。假设稳态为 0，则暂稳态为 1。

（3）经过一段时间，单稳态触发器从暂稳态返回稳态。单稳态触发器在暂稳态停留的时间仅仅取决于电路本身的参数。

单稳态触发器的特点是电路有一个稳定状态和一个暂稳状态。在触发信号作用下，电路将由稳态翻转到暂稳态，暂稳态是一个不能长久保持的状态，由于电路中 RC 延时环节的作用，经过一段时间后，电路会自动返回到稳态，并在输出端获得一个脉冲宽度为 t_w 的矩形波。在单稳态触发器中，输出的脉冲宽度 t_w，就是暂稳态的维持时间，其长短取决于电路的参数值。

1）微分型单稳态触发器电路

微分型单稳态触发器如图 5-3 所示。包含阻容元件构成的微分电路。因为 CMOS 门电路的输入电阻很高，所以其输入端可以认为开路。电容 C_d 和电阻 R_d 构成一个时间常数很小的微分电路，它能将较宽的矩形触发脉冲 v_I 变成较窄的尖触发脉冲 v_d。稳态时，v_I 等于 0，v_d 等于 0，v_{I2} 等于 V_{DD}，v_O 等于 0，v_{O1} 等于 V_{DD}，电容 C 两端的电压等于 0。触发脉冲到达时，v_I 大于 V_{TH}，v_d 大于 V_{TH}，v_{OI} 等于 0，v_{I2} 等于 0，v_O 等于 V_{DD}，电容 C 开始充电，电路进入暂稳态。当电容 C 两端的电压上升到 V_{TH} 时，即 V_{I2} 上升到 V_{TH} 时，v_O 等于 0，电路退出暂稳态，电路的输出恢复到稳态。显然，输出脉冲宽度等于暂稳态持续时间。电路退出暂稳态时，v_d 已经回到 0（这是电容 C_d 和电阻 R_d 构成的微分电路决定的），所以 v_{O1} 等于 V_{DD}，V_{I2} 等于 $V_{TH} + V_{DD}$，电容 C 通过 G_2 输入端的保护电路迅速放电。当 V_{I2} 下降到 V_{DD} 时，电路内部也恢复到稳态。

2）积分型单稳态触发器电路

积分型单稳态触发器如图 5-4 所示。包含阻容元件构成的积分电路。稳态时，v_I 等于 0，v_{O1}、v_A 和 v_O 等于 V_{OH}。触发脉冲到达时，v_I 等于 V_{OH}，v_{o1} 等于 V_{OL}，v_A 仍等于 V_{OH}，v_O 等于 V_{OL}，电容 C 开始通过电阻 R 放电，电路进入暂稳态。当电容 C 两端的电压下降到 V_{TH} 时，即 v_A 下降到 V_{TH} 时，v_O 等于 V_{OH}，电路退出暂稳态，电容 C 的放电过程要持续到触发脉冲消失。v_I 回到 V_{OL} 后，v_{O1} 又变成 V_{OH}，电容 C 转为充电。当 v_A 上升到 V_{OH} 后，电路内部也恢复到稳态。

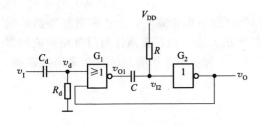

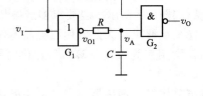

图 5-3　微分型单稳态触发器　　　　　　图 5-4　积分型单稳态触发器

3）集成单稳态触发器

在普通微分型单稳态触发器的基础上增加一个输入控制电路和一个输出缓冲电路就可以构成集成单稳态触发器，如图 5-5 所示。输入控制电路实现了触发脉冲宽度转换功能以及触发脉冲边沿选择功能。输出缓冲电路则提高了电路的负载能力。

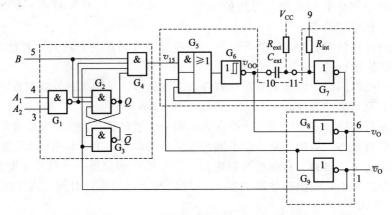

图 5-5　集成单稳态触发器 74LS21 的逻辑图

集成单稳态触发器有两种类型：可重触发的和不可重触发的。在暂稳态期间，前者受触发脉冲的影响而后者不受触发脉冲的影响。假设单稳态触发器的输出脉冲宽度为 T 秒，两个相隔 τ 秒的触发脉冲先后到达，$\tau < T$，那么，它在第一个触发脉冲的作用下进入暂稳态，这个暂稳态还没有结束，第二个触发脉冲就到达了。对于可重触发的单稳态触发器来说，电路将被重新触发，输出脉冲的宽度等于 $\tau + T$ 秒；对于不可重触发的单稳态触发器来说，电路将不被重新触发，输出脉冲的宽度等于 T 秒。

74LS121 芯片是一种常用的单稳态触发器，常用在各种数字电路和单片机系统的显示系统之中，74LS121 的输入采用了施密特触发输入结构，所以 74LS121 的抗干扰能力比较强，74LS121 的逻辑图如图 5-5 所示，74LS121 管脚图和逻辑符号如图 5-6 所示。

各管脚的功能描述如下。

① 管脚 3（A_1）、4（A_2）是负边沿触发的输入端。

② 管脚 5（B）是同相施密特触发器的输入端，对于慢变化的边沿也有效。

③ 管脚 10（C_{ext}）和管脚 11（R_{ext}/C_{ext}）接外部电容（C_x），电容范围在 $10pF \sim 10\mu F$ 之间。

④ 管脚 9（R_{int}）一般与管脚 14（V_{CC}，接 $+5V$）相连接；如果管脚 11 为外部定时电阻端时，应该将管脚 9 开路，把外接电阻（R_x）接在管脚 11 和管脚 14 之间，电阻的范围在 $2 \sim 40k\Omega$ 之间。

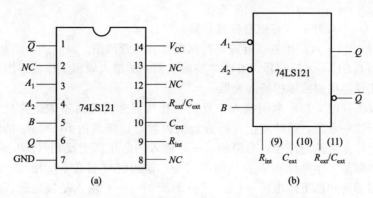

图 5-6 集成单稳态触发器 74LS121 的管脚图和逻辑符号

⑤ 其他管脚：管脚 7（GND）、管脚 2、8、13 为空脚。

74LS121 单稳态触发电路如图 5-7 所示，功能表见表 5-1。

表 5-1 74LS121 功能表

A_1	A_2	B	Q	$\overline{Q}$	A_1	A_2	B	Q	$\overline{Q}$
L	$\times$	H	L	H	H	$\downarrow$	H	⊓	⊔
$\times$	L	H	L	H	$\downarrow$	H	H	⊓	⊔
$\times$	$\times$	L	L	H	$\downarrow$	$\downarrow$	H	⊓	⊔
H	H	$\times$	L	H	L	$\times$	$\uparrow$	⊓	⊔
					$\times$	L	$\uparrow$	⊓	⊔

74LS121 集成单稳态触发器的输出脉冲宽度 t_W，决定于 C_x 的充电时间常数，可用 $t_W \approx 0.7R_xC_x$ 估算。为了得到高精度的脉冲宽度，可用高质量的外接电容和电阻。

5.1.3 施密特触发器

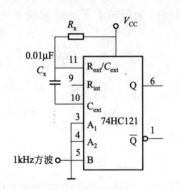

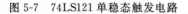

图 5-7 74LS121 单稳态触发电路

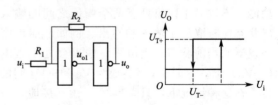

图 5-8 门电路构成的施密特触发器

1）施密特触发器

施密特触发电路是一种波形整形电路，当任何波形的信号进入电路时，输出在正、负饱和之间跳动，产生方波或脉波输出。不同于比较器，施密特触发电路有两个临界电压且形成一个滞后区，可以防止在滞后范围内之噪声干扰电路的正常工作。如遥控接收线路，传感器输入电路都会用到它整形。

（1）由门电路构成的施密特触发器（74LS00）

图 5-8 所示是由门电路构成的施密特触发器，U_{T+}：上限触发转换电平；U_{T-}：下限触

发转换电平。$\Delta U_T = U_{T+} - U_{T-}$：回差电压。

（2）74LS14—六反相器（有施密特触发器）

图 5-9 是 74LS14—六反相器（有施密特触发器）的管脚图。

图 5-10 是 74LS14—六反相器（有施密特触发器）的输入输出工作波形图。

（3）电压比较器构成的施密特触发器

施密特触发器（图 5-11）常用接入正反馈的比较器来实现而不像运算放大器电路常接入负反馈。对于这一电路，翻转发生在接近地的位置，迟滞量由 R_1 和 R_2 的阻值控制：比较器提取了两个输入之差的符号。当同相（＋）输入的电压高于反相（－）输入的电压时，比较器输出翻转到高工作电压＋V_S；当同相（＋）输入的电压低于反相（－）输入的电压时，比较器输出翻转到低工作电压－V_S。这里的反相（－）输入是接地的，因此这里的比较器实现了符号函数，具有二态输出的特性，只有高和低两种状态，当同相（＋）端连续输入时总有相同的符号。

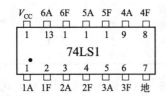

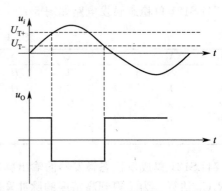

图 5-9　74LS14—六反相器管脚图　　　　图 5-10　74LS14—六反相器波形图

由于电阻网络将施密特触发器的输入端［即比较器的同相（＋）端］和比较器的输出端连接起来，施密特触发器的表现类似比较器，能在不同的时刻翻转电平，这取决于比较器的输出是高还是低。若输入是绝对值很大的负输入，输出将为低电平；若输入是绝对值很大的正输入，输出将为高电平，这就实现了同相施密特触发器的功能。不过对于取值处于两个阈值之间的输入，输出状态同时取决于输入和输出。例如，如果施密特触发器的当前状态是高电平，输出会处于正电源轨（＋V_S）上。这时 V_+ 就会成为 V_{in} 和＋V_S 间的分压器。在这种情况下，只有当 $V_+ = 0$（接地）时，比较器才会翻转到低电平。由电流守恒，可知此时满足下列关系：

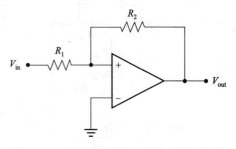

图 5-11　电压比较器构成的施密特触发器

$$\frac{V_{in}}{R_1} = -\frac{V_S}{R_2}$$

因此 V_{in} 必须降低到低于 $-\dfrac{R_1}{R_2}V_S$ 时，输出才会翻转状态。一旦比较器的输出翻转到 $-V_S$，翻转回高电平的阈值就变成了 $+\dfrac{R_1}{R_2}V_S$。

非反相施密特比较器典型的滞回曲线，与其符号上的曲线一致，M 是电源电压，T 是阈值电压（图 5-12）。这样，电路就形成了一段围绕原点的翻转电压带，而触发电平是 $\pm\dfrac{R_1}{R_2}$ V_S。只有当输入电压上升到电压带的上限，输出才会翻转到高电平；只有当输入电压下降到电压带的下限，输出才会翻转回低电平。若 R_1 为 0，R_2 为无穷大（即开路），电压带的宽度会压缩到 0，此时电路就变成一个标准比较器。阈值 T 由 $\dfrac{R_1}{R_2}V_\mathrm{S}$ 给出，输出 M 的最大值是电源值，实际配置的非反相施密特触发电路如图 5-13 所示。

输出特性曲线与上述基本配置的输出曲线形状相同，阈值大小也与上述配置满足相同的关系。不同点在于上例的输出电压取决于供电电源，而这一电路的输出电压由两个齐纳二极管（也可用一个双阳极齐纳二极管代替）确定。在这一配置中，输出电平可以通过选择适宜的齐纳二极管来改变，而输出电平对于电源波动具有抵抗力，也就是说输出电平提高了比较器的电源电压抑制比（PSRR）。电阻 R_3 用于限制通过二极管的电流，电阻 R_4 将比较器的输入漏电流引起的输入失调电压降低到最小。

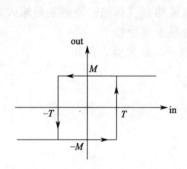

图 5-12 施密特触发器的滞回曲线

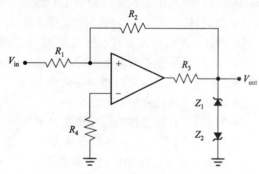

图 5-13 非反相施密特触发电路

图 5-15 是一个反相施密特触发器的例子，图 5-14 是其滞回曲线，其中 U_e 是输入电压，U_r 是参考电压

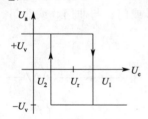
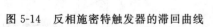

图 5-14 反相施密特触发器的滞回曲线

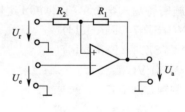

图 5-15 反相施密特触发器

上述电路满足如下关系：

$$U_1 - U_\mathrm{r} + \frac{R_2}{R_1 + R_2} \cdot (+U_\mathrm{v} - U_\mathrm{r}) - \frac{R_1 \cdot U_\mathrm{r} | R_2 \cdot U_\mathrm{v}}{R_1 + R_2}$$

$$U_2 = U_\mathrm{r} + \frac{R_2}{R_1 + R_2} \cdot (-U_\mathrm{v} - U_\mathrm{r}) = \frac{R_1 \cdot U_\mathrm{r} - R_2 \cdot U_\mathrm{v}}{R_1 + R_2}$$

其中 U_1 和 U_2 是阈值电压，U_v 是电源电压。

（4）集成施密特触发器

下列 7400 系列元件在其全部输入部分都包含施密特触发器：

● 7413：4 输入端双与非施密特触发器

- 7414：六反相施密特触发器
- 7418：双 4 输入与非门（施密特触发）
- 7419：六反相施密特触发器
- 74121：单稳态多谐振荡器（具施密特触发器输入）
- 74132：2 输入端四与非施密特触发器
- 74221：双单稳态多谐振荡器（具施密特触发器输入）
- 74232：四或非施密特触发器
- 74310：八位缓冲器（具施密特触发器输入）
- 74340：八总线反相缓冲器（三态输出）（具施密特触发器缓冲）
- 74341：八总线非反相缓冲器（三态输出）（具施密特触发器缓冲）
- 74344：八总线非反相缓冲器（三态输出）（具施密特触发器缓冲）
- 74540：八位三态反相输出总线缓冲器（具施密特触发器输入）
- 74541：八位三态非反相输出总线缓冲器（具施密特触发器输入）
- 74（HC/HCT）7541：八位三态非反相输出总线缓冲器（具施密特触发器输入）
- SN74LV8151：具有三态输出的 10 位通用施密特触发缓冲器

4000 系列元件中的多个型号在其输入部分都包含施密特触发器，例如：

- 14093：四 2 输入与非施密特触发器
- 40106：六施密特触发反向器
- 14538：双精度单稳态多谐振荡器
- 4020：14 级二进制串行计数器
- 4024：7 级二进制串行计数器
- 4040：12 级二进制串行计数器
- 4017：十进制计数器（具 10 个译码输出端）
- 4022：八进制计数器（具 8 个译码输出端）
- 4093：2 输入端四与非施密特触发器

双施密特输入配置单门 CMOS 逻辑、与门、或门、异或门、与非门、或非门、同或门：

- NC7SZ57（Fairchild）
- NC7SZ58（Fairchild）
- SN74LVC1G57
- SN74LVC1G58

2）施密特触发器的应用

（1）振荡器

施密特触发器是一种双稳态多谐振荡器，可用来实现另一种多谐振荡器——弛张振荡器。实现的方法是在反相施密特触发器上连接一个电阻-电容网络，具体步骤是将电容连接在输入和地之间，将电阻连接在输出和输入之间。电路的输出是方波，其频率取决于 R 和 C 的取值以及施密特触发器的阈值点。因为多个施密特触发电路可以由单个集成电路（例如 4000 系列 CMOS 型元件40106 包含 6 个施密特触发器）来提供，因此只需要两个外部组件就可以利用集成电路未使用的部分来构成一个简单可靠的振荡器。

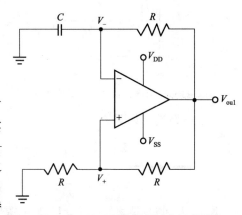

图 5-16　基于比较器的弛张振荡器

此处，基于比较器的施密特触发器是反相配置，也就是说输入和地是由图 5-16 所示的施密特触发器翻转，因此，绝对值很大的负信号对应正输出，绝对值很大的正信号对应负输出。此外，接入 RC 网络的同时也接入了慢负反馈。结果就如图 5-17 所示，输出从 V_{SS} 到 V_{DD} 自动振荡，这一过程中电容充电，输出从施密特触发器的一个阈值变化到另一个阈值。

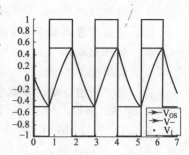

图 5-17　基于比较器的弛张振荡器的
输出和电容波形

施密特触发器在开环配置中常用于抗干扰，在闭环正反馈配置中常用于实现多谐振荡器。

（2）抗干扰

施密特触发器的一个应用是增强仅有单输入阈值的电路的抗干扰能力。由于只有一个输入阈值，阈值附近的噪声输入信号会导致输出因噪声来回地快速翻转。但是对于施密特触发器，阈值附近的噪声输入信号只会导致输出值翻转一次，若输出要再次翻转，噪声输入信号必须达到另一阈值才能实现，这就利用了施密特触发器的回差电压来提高电路的抗干扰能力。

5.2　555 定时器

5.2.1　555 定时器介绍

555 定时器是一种模拟和数字功能相结合的中规模集成器件。一般用双极型（TTL）工艺制作的称为 555，用互补金属氧化物（CMOS）工艺制作的称为 7555，除单定时器外，还有对应的双定时器 556/7556。555 定时器的电源电压范围宽，可在 4.5～16V 工作，7555 可在 3～18V 工作，输出驱动电流约为 200mA，因而其输出可与 TTL、CMOS 或者模拟电路电平兼容。

555 定时器成本低，性能可靠，只需要外接几个电阻、电容，就可以实现多谐振荡器、单稳态触发器及施密特触发器等脉冲产生与变换电路。它也常作为定时器广泛应用于仪器仪表、家用电器、电子测量及自动控制等方面。

555 定时器的内部电路框图如图 5-18 所示。它内部包括两个电压比较器，三个等值串联电阻，一个 RS 触发器，一个放电管 T 及功率输出级。它提供两个基准电压 $V_{CC}/3$ 和 $2V_{CC}/3$。

555 定时器的功能主要由两个比较器决定。两个比较器的输出电压控制 RS 触发器和放电管的状态。在电源与地之间加上电压，当 5 脚悬空时，则电压比较器 C_1 的反相输入端的电压为 $2V_{CC}/3$，C_2 的同相输入端的电压为 $V_{CC}/3$。若触发输入端 TR 的电压小于 $V_{CC}/3$，则比较器 C_2 的输出为 0，可使 RS 触发器置 1，使输出端 OUT＝1。如果阈值输入端 TH 的电压大于 $2V_{CC}/3$，同时 TR 端的电压大于 $V_{CC}/3$，则 C_1 的输出为 0，C_2 的输出为 1，可将 RS 触发器置 0，使输出为 0 电平。

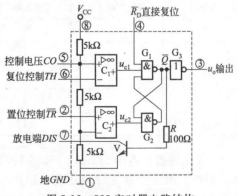

图 5-18　555 定时器电路结构

555 定时器（图 5-19）的各个引脚功能如下。

1 脚：外接电源负端 V_{SS} 或接地，一般情况下接地。

2 脚：低触发端。

3 脚：输出端 V_O。

4 脚：是直接清零端。当此端接低电平，则时基电路不工作，此时不论 TR、TH 处于何电平，时基电路输出为"0"，该端不用时应接高电平。

5 脚：VC 为控制电压端。若此端外接电压，则可改变内部两个比较器的基准电压，当该端不用时，应将该端串入一只 $0.01\mu F$ 电容接地，以防引入干扰。

6 脚：TH 高触发端。

7 脚：放电端。该端与放电管集电极相连，用做定时器时电容的放电。

8 脚：外接电源 V_{CC}，双极型时基电路 V_{CC} 的范围是 $4.5\sim16V$，CMOS 型时基电路 V_{CC} 的范围为 $3\sim18V$。一般用 5V。

在 1 脚接地，5 脚未外接电压，两个比较器 A1、A2 基准电压分别为 $2V_{CC}/3$ 和 $V_{CC}/3$ 的情况下，555 时基电路的功能表如表 5-2 所示。

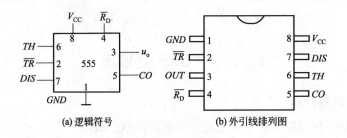

图 5-19　555 定时器

1—地；2—触发端；3—输出端；4—复位端（低电平有效）；5—控制端；

6—阈值端；7—放电端；8—电源；2 脚 $T_R \leqslant 1/3V_{CC}$ 时，

$U_0 = $"1"；6 脚 $T_H \geqslant 2/3V_{CC}$ 时，$U_0 = $"0"；

4 脚 $R = 0$ 时，$U_0 = $"0"

表 5-2　555 定时器的功能表

清零端	高触发端 TH	低触发端 TL	Q	放电管 T	功能
0	×	×	0	导通	直接清零
1	0	1	×	保持上一状态	保持上一状态
1	1	0	1	截止	置1
1	1	0	1	截止	置1
1	1	1	0	导通	清零

555 定时器是美国 Signetics 公司 1972 年研制的用于取代机械式定时器的中规模集成电路，因输入端设计有三个 $5k\Omega$ 的电阻而得名。此电路后来竟风靡世界。目前，流行的产品主要有 4 个：BJT 两个：555，556（含有两个 555）；CMOS 两个：7555，7556（含有两个 7555）。555 定时器可以说是模拟电路与数字电路结合的典范。两个比较器 C1 和 C2 各有一个输入端连接到三个电阻 R 组成的分压器上，比较器的输出接到 RS 触发器上。此外还有输出级和放电管。输出级的驱动电流可达 200mA。

5.2.2　555 定时器应用

1）555 定时器构成单稳态触发器

（1）电路

由 555 定时器构成的单稳态触发器如图 5-20（a）所示，图 5-20（b）为其工作波形。

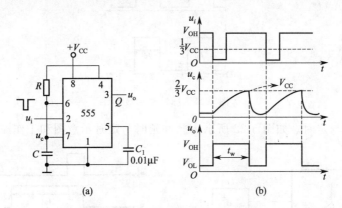

图 5-20　555 定时器单稳态触发器

（2）工作原理

单稳态触发器的特点是电路有一个稳定状态和一个暂稳状态。在触发信号作用下，电路将由稳态翻转到暂稳态，暂稳态是一个不能长久保持的状态，由于电路中 RC 延时环节的作用，经过一段时间后，电路会自动返回到稳态，并在输出端获得一个脉冲宽度为 t_W 的矩形波。在单稳态触发器中，输出的脉冲宽度 t_W 就是暂稳态的维持时间，其长短取决于电路的参数值。

由 555 构成的单稳态触发器电路及工作波形如图 5-20（a）所示。图中 R、C 为外接定时元件，输入的触发信号 u_i 接在低电平触发端（2 脚）。

稳态时，输出 u_o 为低电平，即无触发器信号（u_i 为高电平）时，电路处于稳定状态——输出低电平。在 u_i 负脉冲作用下，低电平触发端得到低于（1/3）V_{CC}，触发信号，输出 u_o 为高电平，放电管 VT 截止，电路进入暂稳态，定时开始。

在暂稳态期间，电源 $+V_{CC}$→R→C→地，对电容充电，充电时间常数 $T=RC$，u_c 按指数规律上升。当电容两端电压 u_c 上升到（2/3）V_{CC} 后，6 端为高电平，输出 u_o 变为低电平，放电管 VT 导通，定时电容 C 充电结束，即暂稳态结束。电路恢复到稳态 u_o 为低电平的状态。当第二个触发脉冲到来时，又重复上述过程。工作波形图如图 5-20（b）所示。

可见，输入一个负脉冲，就可以得到一个宽度一定的正脉冲输出，其脉冲宽度 t_W 取决于电容器由 0 充电到（2/3）V_{CC}，所需要的时间。由分析可得：输出正脉冲宽度（定时时间）$t_W=1.1RC$。这种电路产生的脉冲宽度 t_W 与定时元件 R、C 大小有关，通常 R 的取值为几百欧至几兆欧，电容取值为几 百皮法到几百微法。单稳态触发器输出脉冲宽度 t_W 仅取决于定时元件 R、C 的取值，与输入触发信号和电源电压无关，调节 R、C 即可改变输出脉冲宽度。通过改变 R、C 的大小，可使延时时间在几个微秒和几十分钟之间变化。当这种单稳态电路作为计时器时，可直接驱动小型继电器，并可采用复位端接地的方法来终止暂态，重新计时。此外需用一个续流二极管与继电器线圈并接，以防继电器线圈反电势损坏内部功率管。

（3）单稳态触发器的应用

① 脉冲整形。由单稳态触发器构成的脉冲整形输入输出波形如图 5-21 所示，输入不规

则波形经过单稳态触发器电路输出波形就变得很规则，即单稳态触发器可以完成脉冲整形。

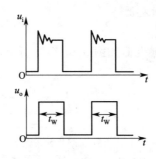

图 5-21 脉冲整形波形

② 脉冲延时与定时。如图 5-22 所示为脉冲延时与定时示意图和工作波形。

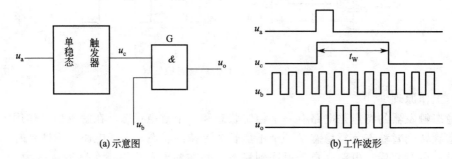

(a) 示意图   (b) 工作波形

图 5-22 脉冲延时与定时

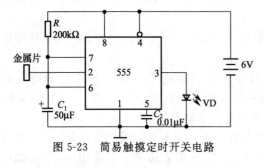

图 5-23 简易触摸定时开关电路

③ 简易触摸定时开关电路。如图 5-23 所示为一简易触摸开关电路，图中 IC 是集成 555 定时器，它构成单稳态触发器，当用手触摸一金属片时，低电平触发端得到低于 $(1/3) V_{CC}$ 触发信号，输出 u_o 为高电平，发光二极管亮，放电管 VT 截止，电路进入暂稳态，定时开始。经过一定时间 $t_W = 1.1RC$，发光二极管熄灭，该原理电路可用于床头灯、卫生间等场所。

2）555 定时器构成多谐振荡器

（1）电路

由 555 定时器构成的多谐振荡器电路如图 5-24（a）所示，R_1、R_2 和 C 是外接定时元件，电路中将高电平触发端（6 脚）和低电平触发端（2 脚）并接后接到 R_2 和 C 的连接处，将放电端（7 脚）接到 R_1、R_2 的连接处。

（2）工作原理

由于接通电源瞬间，电容 C 来不及充电，电容器两端电压 u_c 低电平，小于 $(1/3)$ V_{CC}，故高电平触发端与低电平触发端均为低电平，输出 u_o 为高电平，放电管 VT 截止。这时，电源经 R_1、R_2 对电容 C 充电，使电压 u_c 按指数规律上升，当 u_c 上升到 $(2/3) V_{CC}$ 时，输出 u_o 为低电平，放电管 VT 导通。把 u_c 从 $(1/3) V_{CC}$ 上升到 $(2/3) V_{CC}$ 这段时间内电路的状态称为第一暂稳态，其维持时间 t_{W1} 的长短与电容的充电时间有关，充电时间常数 $T_充 = (R_1 + R_2)C$。

由于放电管 VT 导通，电容 C 通过电阻 R_2 和放电管放电，电路进入第二暂稳态，其维

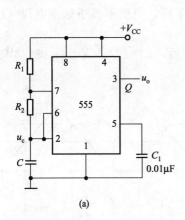

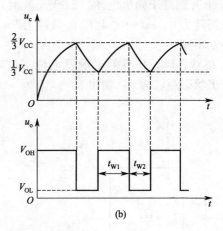

图 5-24 555 定时器多谐振荡器

持时间 t_{W2} 的长短与电容的放电时间有关，放电时间常数 $T_{放} = R_2 C_0$，随着 C 的放电，u_c 下降，当 u_c 下降到 $(1/3) V_{CC}$ 时，输出 u_o 为高电平，放电管 VT 截止，V_{CC} 再次对电容 C 充电，电路又翻转到第一暂稳态。不难理解，接通电源后，电路就在两个暂稳态之间来回翻转，则输出可得矩形波。电路一旦起振后，u_c 电压总是在 $(1/3 \sim 2/3) V_{CC}$ 之间变化。图 5-24（b）所示为工作波形。

　　T 截止，电容 C 充电。充电回路是 $V_{CC} \to R_1 \to R_2 \to C \to$ 地。T 导通，C 放电，放电回路为 $C \to R_2 \to T \to$ 地。

　　振荡周期：$T = t_{W1} + t_{W2} \approx 0.7(R_1 + 2R_2)C$

　　振荡频率：$f = \dfrac{1}{T} = \dfrac{1}{0.7(R_1 + 2R_2)C} \approx \dfrac{1.43}{(R_1 + 2R_2)C}$

　　占空比 q：脉冲宽度与周期之比。

$$q = \frac{t_{W1}}{T} = \frac{0.7(R_1 + R_2)C}{0.7(R_1 + 2R_2)C} = \frac{R_1 + R_2}{R_1 + 2R_2}$$

　　（3）占空比可调的多谐振荡器

　　如图 5-25 所示，为占空比可调的多谐振荡器：充电回路是 $V_{CC} \to R_1 \to VD_1 \to C \to$ 地，放电回路为 $C \to R_2 \to VD_2 \to T \to$ 地，调节电位器 R 即可改变充、放时间，即可调节多谐振荡器输出波形的占空比。

　　当 $R_1 = R_2$，输出波形为方波。

　　3）用 555 定时器构成施密特触发器

　　（1）电路

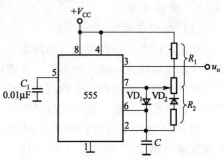

图 5-25 占空比可调的多谐振荡器

　　由 555 定时器构成的施密特触发器电路如图 5-26（a）所示，用于 TTL 系统的接口，波形变换，整形电路或脉冲鉴幅等；

　　将 555 定时器的阈值输入端 u_{i1}（6 脚）、触发输入端 u_{i2}（2 脚）相连作为输入端 u_i，由 v_o（3 脚）作为输出端，便构成了如图 5-26（a）所示的施密特触发器电路。

　　（2）工作原理

　　如图 5-26（b）所示：当 $u_i < 1/3 V_{CC}$ 时，输出 $u_o = 1$；以后 u_i 逐渐上升只要 u_i 不高于阈值电压（$2/3 V_{CC}$），输出 $u_o = 1$ 维持不变；

当 u_i 上升到高于阈值电压（$2/3V_{CC}$）时，则 $u_{i1} > 2/3V_{CC}$，$u_{i2} > 1/3V_{CC}$，此时定时器输出状态翻转为 0，$u_o = 0$；此后 u_i 继续上升，然后下降，只要不低于触发电位（$1/3V_{CC}$），输出维持 0 不变；

当 u_i 继续下降，一旦低于触发电位（$1/3V_{CC}$）后，$u_{i1} < 2/3V_{CC}$，$u_{i2} < 1/3V_{CC}$，此时定时器输出状态翻转为 1，输出 $u_o = 1$。

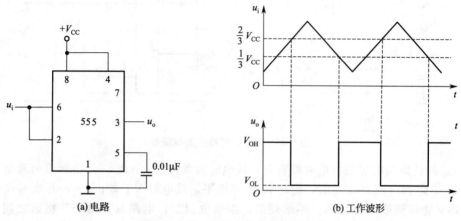

图 5-26 用 555 构成的施密特触发器

由 555 定时器构成施密特触发器的回差电压：$\Delta U_T = U_{T+} - U_{T-} = 2/3V_{CC} - 1/3V_{CC} = 1/3V_{CC}$。

项目制作 1　流水灯控制电路的设计与制作

1）项目目的

（1）了解集成定时器的电路结构和引脚功能。

（2）熟悉集成定时器的典型应用。

（3）掌握中规模 4 位双向移位寄存器逻辑功能及使用方法。

2）项目原理

（1）集成定时器

集成定时器是一种模拟、数字混合型的中规模集成电路，只要外接适当的电阻电容等元件，可方便地构成单稳态触发器、多谐振荡器等脉冲产生或波形变换电路。定时器有双极型和 CMOS 两大类，结构和工作原理基本相似。通常双极型定时器具有较大的驱动能力，而 CMOS 定时器则具有功耗低，输入阻抗高等优点。图 5-27 为集成定时器引脚排列，表 5-3 为引脚名。

图 5-28 为由 555 定时器和外接定时元件 R_T、C_T 构成的单稳态触发器。触发信号加于低触发端（脚 2），输出信号 V_O 由脚 3 输出。$t_W = 1.1 R_T C_T$

改变 R_T、C_T 可使 t_W 在几个微秒到几十分钟之间变化。C_T 尽可能选得小些，以保证通过 T 很快放电。

表 5-3　引脚名

引脚号	1	2	3	4	5	6	7	8
	GND	T_C	OUT	R_D	U_C	T_H	C_T	U_{CC}
引脚名	地	触发端	输出端	复位端	外接控制电压端	阈值端	放电端	电源端

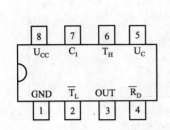
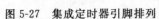

图 5-27　集成定时器引脚排列

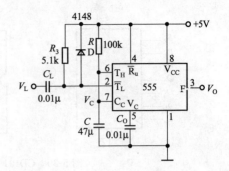

图 5-28　由 555 定时器构成的单稳态触发器电路

图 5-29（a）所示为由 555 定时器和外接元件 R_1、R_2、C 构成的多谐振荡器，脚 2 和脚 6 直接相连，它将自激发，成为多谐振荡器。

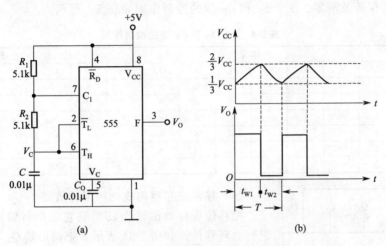

图 5-29　多谐振荡器电路及波形

外接电容 C 通过 $R_1 + R_2$ 充电，再通过 R_2 放电。在这种工作模式中，电容 C 在 $1/3V_{CC}$ 和 $2/3V_{CC}$ 之间充电和放电。

其波形如图 5-29（b）所示。

充电时间（输出为高态）

$t_1 = 0.693(R_1 + R_2)C$

放电时间（输出为低态）

$$t_2 = 0.693R_2C$$

周期

$$T = t_1 + t_2 = 0.693(R_1 + 2R_2)C$$

振荡频率

$$f = \frac{1}{T} = \frac{1.43}{(R_1 + 2R_2)C}$$

（2）移位寄存器

本项目选用的 4 位双向通用移位寄存器，型号为 CD40194 或 74LS194，两者功能相同，可互换使用，其逻辑符号及引脚排列如图 5-30 所示。

其中 D_0、D_1、D_2、D_3 为并行输入端；Q_0、Q_1、Q_2、Q_3 为并行输出端；S_R 为右移串

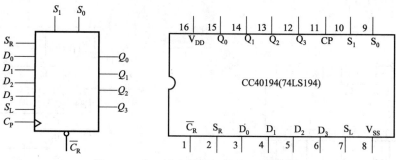

图 5-30　CD40194 的逻辑符号及引脚功能

行输入端，S_L 为左移串行输入端；S_1、S_0 为操作模式控制端；$\overline{C}_R$ 为直接无条件清零端；CP 为时钟脉冲输入端。

CD40194 有 5 种不同操作模式：并行送数寄存，右移（方向由 $Q_0 \sim Q_3$），左移（方向由 $Q_3 \sim Q_0$），保持及清零。S_1、S_0 和 $\overline{C}_R$ 端的控制作用如表 5-4 所示。

表 5-4　S_1、S_0 和 $\overline{C}_R$ 端的控制作用

功能	输入										输出			
	CP	$\overline{C}_R$	S_1	S_0	S_R	S_L	D_0	D_1	D_2	D_3	Q_0	Q_1	Q_2	Q_3
清除	$\times$	0	$\times$	$\times$	$\times$	$\times$	$\times$	$\times$	$\times$	$\times$	0	0	0	0
送数	$\uparrow$	1	1	1	$\times$	$\times$	a	b	c	d	a	b	c	d
右移	$\uparrow$	1	0	1	D_{SR}	$\times$	$\times$	$\times$	$\times$	$\times$	D_{SR}	Q_0	Q_1	Q_2
左移	$\uparrow$	1	1	0	$\times$	D_{SL}	$\times$	$\times$	$\times$	$\times$	Q_1	Q_2	Q_3	D_{SL}
保持	$\uparrow$	1	0	0	$\times$	$\times$	$\times$	$\times$	$\times$	$\times$	Q_0^n	Q_1^n	Q_2^n	Q_3^n
保持	$\downarrow$	1	$\times$	$\times$	$\times$	$\times$	$\times$	$\times$	$\times$	$\times$	Q_0^n	Q_1^n	Q_2^n	Q_3^n

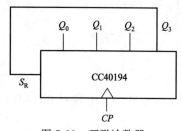

图 5-31　环形计数器

（3）移位寄存器构成的环形计数器

把移位寄存器的输出反馈到它的串行输入端，就可以进行循环移位，如图 5-31 所示，把输出端 Q_3 和右移串行输入端 S_R 相连接，设初始状态 $Q_0 Q_1 Q_2 Q_3 = 1000$，则在时钟脉冲作用下 $Q_0 Q_1 Q_2 Q_3$ 将依次变为 $0100 \rightarrow 0010 \rightarrow 0001 \rightarrow 1000 \rightarrow \cdots\cdots$，如表 5-5 所示，可见它是一个具有四个有效状态的计数器，这种类型的计数器通常称为环形计数器如图 5-31 所示。

可以由各个输出端输出在时间上有先后顺序的脉冲。因此也可作为顺序脉冲发生器。

表 5-5　时钟状态

CP	Q_0	Q_1	Q_2	Q_3
0	1	0	0	0
1	0	1	0	0
2	0	0	1	0
3	0	0	0	1

3）项目设备与器件

① 信号源及频率计；

② 示波器（自备）；

③ 集成定时器：HA17555×2；

④ CC40194×2；

⑤ 电阻：5.1k×3，10k×1，100k×1；

⑥ 电容：47Uf/30V、CBB103×3；

⑦ CD4017×1。

4）项目内容

（1）单稳态触发器

① 按图 5-28 连接实验线路。U_{CD} 接 +5V 电源，输入信号 u_i 由单次脉冲源提供，用双踪示波器观察并记录 u_i、u_c、u_o 波形，标出幅度与暂稳时间。

② 将 C_T 改为 0.01 μF，输入端送 1kHz 连续脉冲，观察并记录 u_i、u_c、u_o 波形，标出幅度与暂稳时间。

（2）多谐振荡器

① 多谐振荡器。按图 5-29（a）连接实验电路。用示波器观察并记录 u_o 波形，标出幅度和周期。

② 将 R_1 换成电位器，则输出波形频率可调。

（3）循环流水灯电路

① 将多谐振荡器图 5-29（a）的输出波形用来控制由图 5-31 移位寄存器构成环形计数器的流水灯电路，此时图 5-31 的 $Q_0 \sim Q_3$ 需接发光二极管，则通过调节多谐振荡器的输出波形频率就可调节移位寄存器移位速度也就可以调节流水灯的流动速度。

② 画出循环流水灯完整电路图（555 多谐振荡器输出端接移位寄存器 CP 端）。

③ 列出所需器件清单。

④ 在万能板上连线实现该电路。

⑤ $Q_0 \sim Q_3$ 按 0001 置数。

⑥ 调节 555 多谐振荡器频率观察流水灯的流动速度变化。

（4）用一个 CD4017 制成的流水彩灯电路

① 电路。用一个 CD4017 制作的彩灯电路如图 5-32 所示。

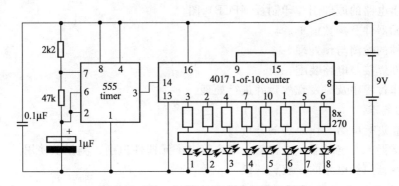

图 5-32　用一个 CD4017 制成的彩灯电路

数字电路 CD4017 是十进制计数/分频器，它的内部由计数器及译码器两部分组成，由译码输出实现对脉冲信号的分配，整个输出时序就是 Q_0、Q_1、Q_2、…、Q_9 依次出现与时钟同步的高电平，宽度等于时钟周期。CD4017 有 10 个输出端（$Q_0 \sim Q_9$）和 1 个进位输出端 Q_{5-9}。每输入 10 个计数脉冲，Q_{5-9} 就可得到 1 个进位正脉冲，该进位输出信号可作为下一级的时钟信号。CD4017 有 3 个输入端（R、CP_0 和 $\sim CP_1$），MR 为清零端，当在 MR 端上加高电平或正脉冲时其输出 Q_0 为高电平，其余输出端（$Q_1 \sim Q_9$）均为低电平。CP_0 和 $\sim CP_1$ 是 2 个时钟输入端，若要用上升沿来计数，则信号由 CP_0 端输入；若要用下降沿来计数，则信号由 $\sim CP_1$ 端输入。设置 2 个时钟输入端，级联时比较方便，可驱动更多二极管发光。由此可见，当 CD4017 有连续脉冲输入时，其对应的输出端依次变为高电平状态，故可直接用作顺序脉冲发生器。

② 电路工作原理。CD4017 输出高电平的顺序分别是③、②、④、⑦、⑩、①、⑤、⑥、⑨脚，故③、②、④、⑦、⑩、①脚的高电平使 6 串彩灯向右顺序发光，行成流水，⑤、⑥、③脚的高电平使 6 串彩灯由中心向两边散开发光。各种发光方式可按自己的需要进行具体的组合，若要改变彩灯的闪光速度，可改变电容 C_1 的大小。

③ 列出器件清单并按清单购件。

④ 根据原理图画出印制板图并制板。

⑤ 焊接元器件。

⑥ 检查并调试。

5）项目总结

（1）定量画出实验所要求记录的各点波形。

（2）整理实验数据，分析实验结果与理论计算结果的差异，并进行分析讨论。

（3）画出循环流水灯完整电路图。

项目制作 2 双音门铃的设计与制作

1）项目目的

① 掌握由 555 定时器构成的多谐振荡器的基本电路。

② 掌握双音门铃电路的工作原理。

③ 通过对双音门铃的安装和调试，使学生掌握小型实用电路的制作，培养学生的学习兴趣和动手操作能力。

2）项目要求

（1）制作要求

① 设计出电路的原理图和印制板（PCB）图。

② 列出元器件及参数清单。

③ 元器件的检测与预处理。

④ 元器件焊接与电路装配。

⑤ 在制作过程中及时发现故障并进行处理。

（2）能力要求

① 能独立进行电路工作原理的分析。

② 熟练掌握 555 定时器、二极管、电容等电子元器件识别、测量及使用。

③ 掌握双音门铃电路的安装、调试。

3）认识电路及其工作过程

图 5-33 所示为双音门铃的原理图和印制电路板图。

电路是由 555 构成的多谐振荡器组成。未按下按钮 AN 时，555 的 4 脚为低电平，则 3 脚输出保持低电平，门铃不响。当按下按钮 AN 时，电源经 VD_2 给 C_2 充电，使 4 脚电位升高，当变为高电平时电路起振，此时因 VD_1 导通，其振荡频率由 R_2、R_3、C_1 决定，电路发出"叮"的声音。断开按钮 AN 时，此时因 VD_1、VD_2 均不导通，电路的振荡频率由 R_1、R_2、R_3 和 C_2 决定，发出"咚"的声音。同时 C_2 经 R_4 放电，到 4 脚变为低电平时电路停振。"咚"声的余音长短可通过改变 C_2、R_4 的数值来调整。

"叮"的声音频率约为：$f_1 \approx \dfrac{1}{0.7(R_2+2R_3)C_1} \approx 461\text{Hz}$

"咚"的声音频率约为：$f_2 \approx \dfrac{1}{0.7(R_1+R_2+2R_3)C_1} \approx 317\text{Hz}$

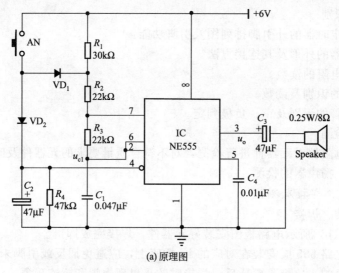

(a) 原理图

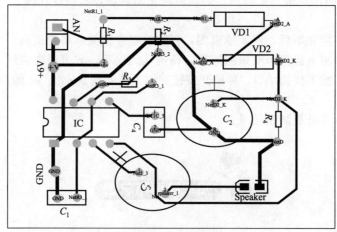

(b) 印制电路板图

图 5-33　双音门铃

4）元器件识别及检测

根据电路图配齐元器件，元器件清单如表 5-6 所示。

表 5-6　双音门铃电路元器件明细表

代　号	名　称	规格型号	数　量
IC	555 定时器	NE555	1
AN	按钮		1
R_1	电阻	30kΩ	1
R_2、R_3	电阻	22kΩ	2
R_4	电阻	47kΩ	1
C_1	电容	0.047μF	1
C_2、C_3	电容	47μF	2
C_4	电容	0.01μF	1
D_1、D_2	二极管	2CP12	2
Speaker	扬声器	0.25W/8Ω	1
	集成电路插座	8 脚	1
	实验板(万能板)		1

（1）元器件识别

① 熟悉 555 定时器的外引脚排列图及引脚功能。

② 熟悉扬声器的外形及其连接方法。

③ 掌握色环电阻的读数。

④ 掌握电容的识别及读数。

⑤ 掌握二极管的识别及正、负极判定。

（2）元器件检测

用万用表的电阻挡对元器件进行检测，对不符合质量要求的元器件及时更换。尤其是二极管、电解电容、扬声器的检测。

5）电路安装、焊接及测试

（1）电路安装、焊接

按照图 5-33（b）所示电路板图安装好元器件，焊接完成即可。

注意：集成电路 555 应安装在对应的 IC 插座上，应避免插反或引脚未完全插靠等现象；二极管、电解电容的正负极不要插反。焊接时防止出现虚焊和桥连现象。

（2）电路测试

① 电路安装连接完毕后，对照原理图，仔细检查连接关系是否正确。

② 用万用表检测电源是否有短路问题，待确认无误后，方可通电测试。

③ 测试要求：按下按钮 AN，再松开按钮，用示波器观察 u_{c1}、u_o 的波形，聆听扬声器的声音，并记录。

④ 完成测试，并分析测量结果。

（1）集成 555 定时器具有结构简单、用途广泛、价格低廉等多种优势，文中仅介绍了其应用的一个方面。在实际的生产生活中，只要将其各个功能加以综合应用，便可得到许多实用电路。

（2）555 定时器可工作在三种工作模式下：

单稳态模式：在此模式下，555 功能为单次触发。应用范围包括定时器、脉冲丢失检测、反弹跳开关、轻触开关、分频器、电容测量、脉冲宽度调制（PWM）等。

无稳态模式：在此模式下，555 以振荡器的方式工作。这一工作模式下的 555 芯片常被用于频闪灯、脉冲发生器、逻辑电路时钟、音调发生器、脉冲位置调制（PPM）等电路中。如果使用热敏电阻作为定时电阻，555 可构成温度传感器，其输出信号的频率由温度决定。

双稳态模式（或称施密特触发器模式）：在 DIS 引脚空置且不外接电容的情况下，555 的工作方式类似于一个 RS 触发器，可用于构成锁存开关。

5-1 判断题

（1）施密特触发器可以将边沿缓慢的输入信号变换成矩形脉冲输出。（   ）

（2）555 定时器电源只能接＋5V 电压。（　　）

（3）555 定时器的直接复位端接低电平时，定时器的输出始终保持低电平。（　　）

（4）欲将三角波变换成矩形波，可采用多谐振荡器。（　　）

（5）多谐振荡器有两个暂稳状态。（　　）

（6）施密特触发器具有回差特性。（　　）

（7）单稳态触发器有一个稳定状态和一个暂稳状态。（　　）

5-2　单稳态触发器、施密特触发器和多谐振荡器各有什么特点？

5-3　试用 555 定时器设计一个多谐振荡器。要求：振荡频率为 1kHz。画出电路并确定阻容元件的数值。

5-4　如图 5-34 所示为一简易触摸开关电路，当手摸金属片时，发光二极管亮；经过一段时间后，发光二极管灭。试说明电路工作原理，并计算发光二极管能亮多长时间。

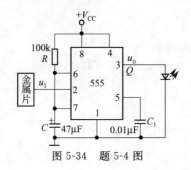

图 5-34　题 5-4 图

5-5　555 定时器连接如图 5-35（a）所示，试根据图 5-35（b）的输入波形画出输出波形。

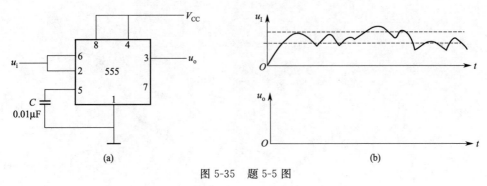

图 5-35　题 5-5 图

5-6　555 定时器构成的单稳态触发器如图 5-36 所示，$R＝1M\Omega$，$C＝10\mu F$，试估算脉冲宽度 t_W（定时时间）。

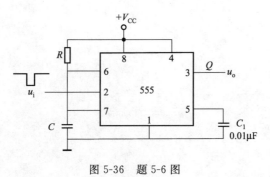

图 5-36　题 5-6 图

5-7 电路如图 5-37 所示，设二极管 VD_1、VD_2 为理想二极管，求占空比和工作频率。

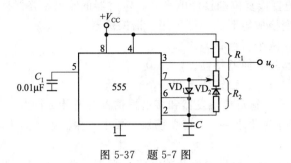

图 5-37 题 5-7 图

5-8 555 定时器连接如图 5-38（a）所示，试根据图 5-38（b）的输入波形确定输出波形。

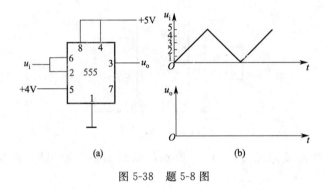

(a)   (b)

图 5-38 题 5-8 图

项目 6　直流数字电压表的制作

【项目描述】

在电子电气设备的检测、控制系统中，模拟量与数字量之间的相互转换应用十分广泛，如：流量、温度等经传感器产生的模拟信号，必须转换成数字信号后才能送入计算机进行处理。处理后的数字信号又必须转换为模拟量才能实现对执行机构的自动控制。本项目以 $3\frac{1}{2}$ 位直流数字电压表的制作为例，详细讲解了 A/D 转换器的基本工作原理及其应用电路的制作，同时也详细分析了 D/A 转换器的工作原理。

【知识目标】

① 掌握 D/A 转换、A/D 转换电路的基本概念和功能。

② 掌握倒 T 型电阻网络 D/A 转换器的电路工作原理，并能进行简单的 D/A 转换计算。

③ 掌握比较型逐次逼近 A/D 转换器和双积分式 A/D 转换器的转换工作原理及电路框图。

④ 了解典型集成 D/A、A/D 转换电路的内部结构、引脚功能和应用电路。

【技能目标】

① 能查阅集成电路手册，识读典型 D/A 转换及 A/D 转换集成电路的引脚及功能。

② 能分析 $3\frac{1}{2}$ 位直流数字电压表的电路组成和工作原理，并能用万能板进行该电路的装配与调试。

6.1　D/A 转换电路

【学习目标】

① 掌握 D/A 转换器、倒 T 型电阻网络 D/A 转换的基本概念、功能和工作原理。

② 了解 D/A 转换器的主要参数指标和 DAC0832 的内部结构与引脚功能。

6.1.1　D/A 转换器的概念

能够把有限位数的数字量转换为相应模拟量的电路称为数字/模拟转换电路，简称数/模（D/A）转换器或 DAC。

6.1.2　D/A 转换器工作原理

将数字量转换为模拟量，并使输出模拟电压的大小与输入数字量的数值成正比。数字系统是按二进制表示数字的，n 位二进制数字量按权展开为

$$(D_{n-1}D_{n-2}\cdots D_1D_0)_2 = (D_{n-1}\times 2^{n-1} + D_{n-2}\times 2^{n-2} + \cdots + D_1\times 2^1 + D_0\times 2^0)_{10}$$

此时数/模转换输出的模拟电压值为

$$u_o = K(D_{n-1}\times 2^{n-1} + D_{n-2}\times 2^{n-2} + \cdots + D_1\times 2^1 + D_0\times 2^0)_{10}$$

式中，K 为比例系数。由此可见，组成 D/A 转换器的基本指导思想是将数字量的每一位代码按其权值的大小分别转换成模拟量，然后将这些模拟量相加，即得到与数字量成正比

的总模拟量。

n 位 D/A 转换器组成方框图如图 6-1 所示。

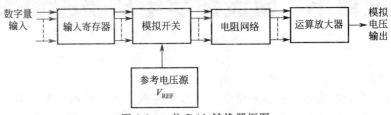

图 6-1　n 位 D/A 转换器框图

6.1.3　电阻网络 D/A 转换电路

图 6-2 为 4 位权电阻网络 D/A 转换器电路图，由图可以看出，此类 D/A 转换器由权电阻网络、模拟开关和运算放大器组成，V_{REF} 为基准电压，电阻网络的权电阻数量与输入数字量的位数相同，取值与二进制各位的权成反比，每降低一位，电阻值增加一倍。

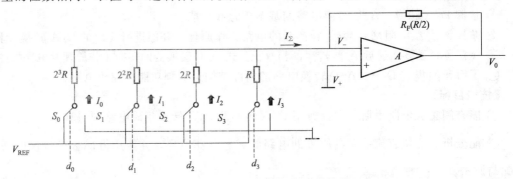

图 6-2　4 位权电阻网络 D/A 转换器

输入的数字量 $d = d_3 d_2 d_1 d_0$，d_3、d_2、d_1、d_0 分别控制模拟电子开关 S_3、S_2、S_1、S_0 的工作状态。当 d_i 为 "1" 时，开关 S_i 接通参考电压 V_{REF}，反之当 d_i 为 "0" 时，开关 S_i 接地。求和运算放大器总的输入电流为

$$I_{\Sigma} = I_0 + I_1 + I_2 + I_3 = \frac{V_{\mathrm{REF}}}{2^3 R} d_0 + \frac{V_{\mathrm{REF}}}{2^2 R} d_1 + \frac{V_{\mathrm{REF}}}{2^1 R} d_2 + \frac{V_{\mathrm{REF}}}{2^0 R} d_3$$

$$= \frac{V_{\mathrm{REF}}}{2^3 R}(2^0 d_0 + 2^1 d_1 + 2^2 d_2 + 2^3 d_3) = \frac{V_{\mathrm{REF}}}{2^3 R} \sum_{i=0}^{3} 2^i d_i$$

若运算放大器的反馈电阻 $R_{\mathrm{F}} = R/2$，由于运算放大器的输入电阻无穷大，所以 $i_{\mathrm{F}} = I_{\Sigma}$，则运算放大器的输出电压为：

$$u_{\mathrm{o}} = -i_{\mathrm{F}} R_{\mathrm{F}} = -\frac{R}{2} \times \frac{V_{\mathrm{REF}}}{2^3 R} \sum_{i=0}^{3} 2^i d_i = -\frac{V_{\mathrm{REF}}}{2^4} \sum_{i=0}^{3} 2^i d_i$$

对于 n 位的权电阻 D/A 转换器，则有

$$u_{\mathrm{o}} = -\frac{V_{\mathrm{REF}}}{2^n} \sum_{i=0}^{n-1} 2^i d_i$$

由此可见，电路的输出电压与输入的数字量成正比。当输入的 n 位数字量全为 0 时，输出的模拟电压为 0；当输入的 n 位数字量全为 1 时，输出的模拟电压为 $-V_{\mathrm{REF}}(1 - \frac{1}{2^n})$。所以，输出电压的取值范围为 $0 \sim -V_{\mathrm{REF}}(1 - \frac{1}{2^n})$。

6.1.4 R-2R 倒 T 型电阻网络 D/A 转换电路

D/A 转换的方法很多, 有正 T 型和倒 T 型电阻网络 D/A 转换器等, 这里只讨论 4 位 R-2R 倒 T 型电阻网络 D/A 转换器电路。

1) 电路组成

4 位倒 T 型电阻网络 D/A 转换器的工作原理如图 6-3 所示。它由输入寄存器、模拟电子开关、基准电压、T 型电阻网络和运算放大器等组成。

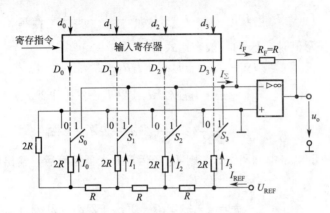

图 6-3 4 位倒 T 型电阻网络 D/A 转换器的工作原理

(1) 输入寄存器。它是并行输入、并行输出的缓冲寄存器, 它用来暂存 4 位二进制数码。由于该缓冲寄存器是具有 CP 缓冲门的寄存器, 故其能减少交、直流噪声干扰, 有利于数据的传送和保持。当发出寄存指令后, 4 位数据线上送来一组二进制代码, 如 $d_3 d_2 d_1 d_0 = 1100$, 被存入寄存器中。同时, 寄存器的输出线上出现该组二进制代码 $D_3 D_2 D_1 D_0 = 1100$。

(2) 模拟电子开关。4 个模拟电子开关 S_3、S_2、S_1、S_0 分别受相应数位的二进制代码所控制, 当某位代码 $d_i = 1$ 时, 对应位的电子开关 s_i 将该位阻值为 $2R$ 的电阻接到运算放大器的反相输入端; 当某位代码 $d_i = 0$ 时, 对应位的电子开关 s_i 将该位阻值为 $2R$ 的电阻接到运算放大器的同相输入端。由于同相输入端接地, 因而运算放大器的反相输入端为 "虚地", 它们的电压大小均为 0。

(3) 基准电压。参考电压 U_{REF} 是精度高、稳定性好的基准电源。

(4) T 型电阻网络。T 型电阻网络由 R 和 $2R$ 电阻构成, 由于只用 R 和 $2R$ 两种电阻元件, 因而电路在进行转换时容易保证精度。

(5) 运算放大器。它的作用是对各位代码所对应的电流进行求和, 并将其转换成相应的模拟电压输出。

2) 工作原理

在倒 T 型电阻网络 D/A 转换器中, 模拟电子开关不是接地 (接同相输入端), 就是接虚地 (接反相输入端), 所以无论输入的代码是 $D_3 D_2 D_1 D_0$ 是何种情况, T 型电阻网络的等效电路, 如图 6-4 所示。因为该电路等效电阻值是 R, 所以由基准电压 U_{REF} 向倒 T 型电阻网络提供的总电流 I_{REF} 是固定不变的, 其值为 $I_{REF} = \dfrac{U_{REF}}{R}$。

根据分流原理, 电流每流过一个节点, 都相等地分成两股电流, 故倒 T 型电阻网络内各支路电流分别为: $I_3 = \dfrac{I_{REF}}{2}$, $I_2 = \dfrac{I_{REF}}{4}$, $I_1 = \dfrac{I_{REF}}{8}$, $I_0 = \dfrac{I_{REF}}{16}$。

当输入代码为 $D_3 D_2 D_1 D_0 = 1111$ 时, 所有电子开关都将通过阻值为 $2R$ 的电阻接到运算

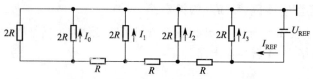

图 6-4　倒 T 型电阻网络的等效电路

放大器反相输入端，则流入反相输入端的总电流为：

$$I_\Sigma = I_3 + I_2 + I_1 + I_0 = I_{REF}\left(\frac{1}{2}+\frac{1}{4}+\frac{1}{8}+\frac{1}{16}\right)。$$

当输入代码为任意值时，I_Σ 的一般表达式为：

$$I_\Sigma = I_3 d_3 + I_2 d_2 + I_1 d_1 + I_0 d_0$$

$$= \frac{1}{2^4} \cdot I_{REF}(2^3 d_3 + 2^2 d_2 + 2^1 d_1 + 2^0 d_0)$$

$$= \frac{U_{REF}}{2^4 R}(2^3 d_3 + 2^2 d_2 + 2^1 d_1 + 2^0 d_0)$$

由于图 6-4 中所示电路中，$R_F = R$，则 I_Σ 经运算放大器运算后，输出电压 u_o 为：

$$u_o \approx -I_\Sigma R_F$$

$$= -\frac{U_{REF}}{2^4 R}(2^3 d_3 + 2^2 d_2 + 2^1 d_1 + 2^0 d_0)R_F$$

$$= -\frac{U_{REF}}{2^4}(2^3 d_3 + 2^2 d_2 + 2^1 d_1 + 2^0 d_0)$$

推广到一般情况（即输入代码为 n 位二进制代码，且 $R_F = R$），输出电压为

$$u_o = -\frac{U_{REF}}{2^n}(D_{n-1} \times 2^{n-1} + D_{n-2} \times 2^{n-2} + \cdots + D_1 \times 2^1 + D_0 \times 2^0)$$

$$= -\frac{U_{REF}}{2^n}\sum_{i=0}^{n-1} 2^i D_i$$

上式括号内为 n 位二进制数的十进制数值，用于 N_B 表示，此时 D/A 转换器输出的模拟电压又可写为 $u_o = -\dfrac{U_{REF}}{2^n} N_B$。

由该式可见，输出的模拟电压 u_o 与输入的数字量成正比，比例系数为 $\dfrac{U_{REF}}{2^n}$，也即完成了 D/A 转换。

3）倒 T 型电阻网络 D/A 转换器的特点：

（1）模拟开关位置是否改变，流过各支路的电流总和接近于恒定值；

（2）该 D/A 转换器只采用 R 和 $2R$ 两种电阻，具动态性能好、转换速度快等优点，因此在集成芯片当中应用非常广泛。

6.1.5　D/A 转换器的主要技术指标

1）分辨率

分辨率是指 D/A 转换器对最小输出电压的分辨能力，可定义为输入数码只有最低有效位为 1 时的输出电压与输入数码所有有效位全为 1 时的满度输出电压之比。

2）转换误差

在 D/A 转换过程中，由于某些原因的影响，会导致转换过程中出现误差，这就是转换误差。它实际上是输出实际值与理论计算值的差。转换误差通常包括以下几种。

（1）比例系数误差：输入数字信号一定时，参考电压 U_{REF} 的偏差 ΔU_{REF} 可引起输出电压的变化，二者成正比，称为比例系数误差。

（2）漂移误差或平移误差：这种误差多是由于运算放大器的零点漂移而使输出电压偏移造成的。其产生与输入数字量的大小无关，结果会使输出电压特性曲线向上或向下平移。

（3）非线性误差：由于模拟电子开关存在一定的导通内阻和导通压降，而且不同开关的导通压降不同，开关接地和接参考电源的压降也不同，故它们的存在均会导致输出电压产生误差；同时，电阻网络中电阻值的积累误差，不同位置上电阻值受温度等影响的积累偏差对输出电压的影响程度是不一样的。以上这些性质的误差，均属于非线性误差。

3）转换时间

转换时间也称为输出建立时间，是从输入数字信号时开始，到输出电压或电流达到稳态值时所需要的时间。

4）温度系数

在满刻度输出的条件下，温度变化 1℃ 引起输出信号（电压或电流）变化的百分数，就是温度系数。

5）电源抑制比

在 D/A 转换电路中，要求开关电路和运算放大器在使用的电源电压变化时，输出电压不应受到影响。通常将输出电压的变化量与相应电源电压的变化量之比，称为电源抑制比。

6.1.6　集成 DAC0832

DAC0832 是与微机兼容的 8 位 D/A 转换器，内部结构和引脚功能如图 6-5 所示。它的内部主要由 8 位 R-2R 倒 T 型译码网络、两个缓冲寄存器（输入寄存器和 D/A 转换器）、控制逻辑电路组成，外接运算放大器。

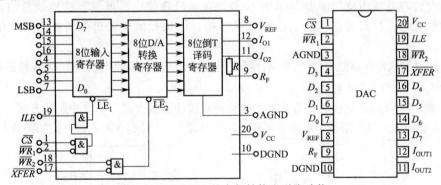

图 6-5　DAC0832 的内部结构和引脚功能

1）DAC0832 的引脚功能

ILE：允许输入锁存，高电平有效。

$\overline{CS}$：片选信号。低电平有效，它与 ILE 结合起来用以控制 $WR1$ 是否作用。

$\overline{WR}_1$：写信号 1。低电平有效，在 $\overline{CS}$ 和 ILE 有效下，用它将数字量，输入并锁存于输入寄存器中。

$\overline{WR}_2$：写信号 2。低电平有效，在 $\overline{XFER}$ 有效下，用它将输入寄存器中的数字传送到 8 位 DAC 寄存器中。

$\overline{XFER}$：传送控制信号，低电平有效，用它来控制 $\overline{WR}_2$ 是否起作用。在控制多个 DAC0832 同步输出时特别有用。

$D_0 \sim D_7$：8 位数字量输入，D_0 为最低位。

I_{OUT1}：DAC 电流输出 1。它是逻辑电平为 1 的各位输出电流之和。

I_{OUT2}：DAC 电流输出 2。它是逻辑电平为 0 的各位输出电流之和。

R_F：反馈电阻。该电阻被内置在芯片内，用作运算放大器的反馈电阻。

V_{REF}：基准电压输入。一般为 ±5V、±10V。

V_{CC}：电源端。+5～+15V，最佳用 +15V。

AGND：模拟地。芯片模拟信号接地点。

DGND：数字地。芯片数字信号接地点。

2）D/A 转换器 DAC0832 的内部结构

DAC0832 内部含有两级缓冲数字寄存器，即输入寄存器和 D/A 转换寄存器，它们均采用标准 CMOS 数字电路设计。8 位待转换的输入数据由 13～16 端及 4～7 端送入第一级缓冲寄存器，其输出数据送 D/A 转换寄存器。

输入寄存器由 $\overline{CS}$、ILE 及 $\overline{WR_1}$ 这 3 个信号控制，当 $\overline{CS}=0$ 时，$ILE=1$，$\overline{WR_1}=0$ 时，数据进入寄存器。当 $ILE=0$，$\overline{WR_1}=1$ 时，数据锁存在输入寄存器中。

D/A 转换寄存器由 $\overline{XFER}$、$\overline{WR_2}$ 两信号控制。当 $\overline{XFER}=0$，$\overline{WR_2}=0$ 时，输入寄存器的数据送入 D/A 转换寄存器，并送 D/A 转换译码网络进行 D/A 转换。当 $\overline{XFER}$ 由 "0" 跳到 "1"，或 $\overline{WR_2}$ 由 "0" 跳到 1 时，D/A 寄存器中数据被锁存，转换结果也保持在 D/A 转换器模拟输出端。

由此可见，数据在进入译码网络之前，必须经过两个独立控制的锁存器进行传输，因此又有以下 3 个特点。

（1）在一个系统中，任何一个 D/A 转换器都可以同时保存两组数据，即 D/A 寄存器中保存马上要转换的数据，而在输入寄存器中保存下一组数据。

（2）允许在系统中使用多个 D/A 转换器。在微机系统中，可与微机地址总线连接，作为转换地址入口。ILE 可以与微机控制总线连接，以执行微机发出的转换和数据输入的信息和指令。

（3）通过输入寄存器的 D/A 转换寄存器逻辑控制，可实现同时更新多个 D/A 转换器输出。

3）AC0832 与 CPU 的连接

DAC0832 与 CPU 的连接方式有 3 种，分别是双缓冲连接方式、单缓冲连接方式、直通连接方式。其工作方式通过控制逻辑电路来实现。DAC0832 与 CPU 的 3 种连接方式如图 6-6 所示。

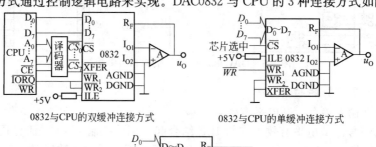

0832与CPU的双缓冲连接方式　　　　0832与CPU的单缓冲连接方式

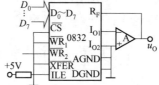

0832与CPU的直通连接方式

图 6-6　DAC0832 与 CPU 的连接有 3 种方式

6.2　A/D 转换电路

【学习目标】

① 掌握 A/D 转换器的基本概念、功能和工作原理。

② 掌握逐次逼近式 A/D 转换器的工作原理和方框图。

③ 了解 A/D 转换器的主要参数和 ADC0809 的内部结构和引脚功能。

6.2.1　A/D 转换器的概述

模数转换器即 A/D 转换器，或简称 ADC，通常是指一个将模拟信号转变为数字信号的电子元件。通常的模数转换器是将一个输入电压信号转换为一个输出的数字信号。由于数字信号本身不具有实际意义，仅仅表示一个相对大小。故任何一个模数转换器都需要一个参考模拟量作为转换的标准，比较常见的参考标准为最大的可转换信号大小。而输出的数字量则表示输入信号相对于参考信号的大小。

6.2.2　A/D 转换器的种类

根据 A/D 转换器的工作方式，可将其分为比较式和积分式两大类。比较式 A/D 转换器的工作过程是将被转换的模拟量与转换器内部产生的基准电压逐次进行比较，从而将模拟信号转换成数字量；积分式 A/D 转换器是将转换的模拟量进行积分，转换成中间变量，然后再将中间变量转换成数字量。目前广泛应用的 A/D 转换器有比较型逐次逼近式 A/D 转换器和双积分式 A/D 转换器。

6.2.3　A/D 转换器的基本原理

A/D 转换器的功能是把连续变化的模拟信号转换成数字信号，这种转换一般要通过采样、保持、量化、编码这 4 个步骤，其转换过程如图 6-7 所示。

图 6-7　A/D 转换器工作过程示意图

（1）采样和保持

采样就是对连续变化的模拟信号定时进行测量，抽取样值。通过采样，一个在时间上连续变化的模拟信号就转换为随时间断续变化的脉冲信号。

采样过程如图 6-8 所示。采样开关 S 是一个受控的模拟开关，构成所谓的采样器。当采样脉冲 u_s 到来时，开关 S 接通，采样器工作（其工作时间受 u_s、脉冲宽度 T_c 控制），这时 $u_o = u_i$；当采样脉冲 u_s 一结束，开关 S 就断开（断开时间受 u_s、脉冲宽度 T_h 控制），此时 $u_o = 0$，采样器在 u_s 的控制下，把输入的模拟信号 u_i 变换成为脉冲信号 u_o。为了便于量化和编码，需要将每次采样取样值暂存并保持不变，直到下一个采样脉冲的到来。所以在采样电路之后，都要接一个保持电路，通常可以利用电容器的存储作用来完成这一功能。

实际上，采样和保持是一次完成的，统称为采样保持电路。图 6-9（a）是采样保持示意图。图 6-9（b）是一个简单的采样保持电路。该电路由采样开关管（该管属于增强型绝缘栅场效应管）、存储电容 C 和缓冲电压跟随器 A 组成。在采样脉冲 u_s 的作用下，模拟信号 u_i 变成了脉冲信号 u_o，经过电容器 C 的存储作用，在电压跟随器 A 输出的是阶梯形电压 u_o。

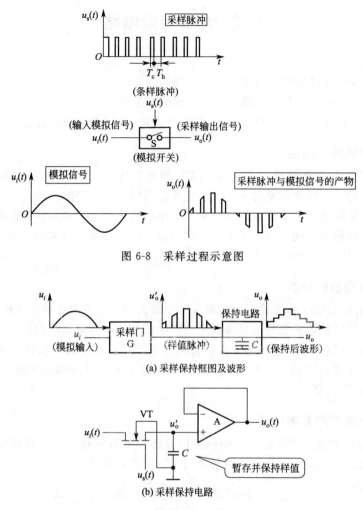

图 6-8　采样过程示意图

图 6-9　采样保持电路及波形

（2）量化和编码

采样保持电路的输出信号虽然已成为阶梯形，但阶梯形的幅值仍然是连续变化的，为此要把采样保持后的阶梯信号按指定要求划分成某个最小量化单位的整数倍，这一过程称为量化。例如：把 0~1V 的电压转换为 3 位二进制代码的数字信号，由于 3 位二进制代码只有 8（即 2^3）个数值，因此必须把模拟电压分成 8 个等级，每个等级就是一个最小量化单位 Δ，即 $\Delta = \frac{1}{2^3} = \frac{1}{8}$（V），如图 6-10 所示。

二进制代码表示量化位的数值称为编码（用编码器来实现）。将图 6-10 中 $0 \sim \frac{1}{8}$（V）之间的模拟电压归并为 $0 \times \Delta$，用 000 表示；$\frac{1}{8} \sim \frac{2}{8}$（V）之间的模拟电压归并为 $1 \times \Delta$，用 001 表示；$\frac{2}{8} \sim \frac{3}{8}$（V）之间的模拟电压归并为 $2 \times \Delta$，用 010 表示等；经过上述处理后，就将模拟量转变为以 Δ 为单位的数字量了，而这些代码就是 A/D 转换的输出结果。

比较型逐次逼近式 A/D 转换器的工作原理：比较型逐次逼近式 A/D 转换器具有转换速度快、准确度高、成本低等优点，是使用最广泛的一种 A/D 转换器。比较型逐次逼近式

A/D 转换器的工作原理如下（用天平测量质量的原理打比方）。

为了便于理解这种转换器的工作过程，先来看一个用天平称物体质量的例子作为类比。如图 6-11 所示，假设被称物件的质量为 10g，将 8g、4g、2g、1g（正好是 8421 的关系）的标准砝码从大到小依次加到托盘上。当砝码质量 m_0 小于物体质量 m_x（$m_x=10g$），即 $\Delta=m_x-m_0>0$ 时，则保留该砝码；当 $\Delta<0$ 时，则要取下该砝码，更换下一个砝码进行测量，直到 $\Delta=0$。测量过程中，将天平托盘上保留的砝码称为 "1"，没保留的砝码称为 "0"，则称得该物体质量为 1(8g 砝码)、0(4g 砝码)、1(2g 砝码)、0(1g 砝码)，即 1010(二进制表示)。

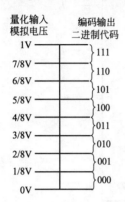

图 6-10　量化与编码的关系

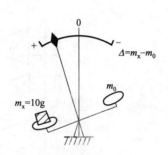

图 6-11　天平测量质量的示意图

比较型逐次逼近式 A/D 转换器就是根据上述思想设计的。利用一种 "二进制搜索" 技术来确定对被转换电压 u_X 的最佳逼近值，其原理框图如图 6-12 所示。这种 A/D 转换器由 D/A 转换器、比较器、逻辑控制及时钟等构成，其转换过程如下：

转换开始时，先将数码寄存器清零。当向 A/D 转换器发出一个启动信号脉冲后，在时钟信号作用下，逻辑控制首先将 n 位逐次逼近寄存器（SAR）最高位 D_{n-1} 置高电平 1，D_{n-1} 以下位均为低电平 0。这个数码经 D/A 转换器转换成模拟量 u_c 后，与输入的模拟信号 u_X 在比较器中进行比较，由比较器给出比较结果。当 $u_X \geq u_c$，则将最高位的 1 保留，否则将该位置 0。接着逻辑控制器将逐次逼近寄存器次高位 D_{n-2} 置 1，并与最高位 D_{n-1}（D_{n-2} 以下位仍为

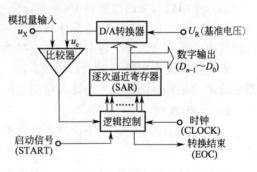

图 6-12　逐次逼近式 A/D 转换器原理图

低电平 0）一起进入 D/A 转换器，经 D/A 转换后的模拟量 u_c 再与模拟量 u_X 比较，以同样的方法确定这个 1 是否要保留。如此下去，直到最后一位 D_0 比较完毕为止。此时 n 位寄存器中的数字量，即为模拟量 u_X 所对应的数字量。当 A/D 转换结束后，由逻辑控制发出一个转换结束信号，表明本次转换结束，可以读出数据。

6.2.4　并行比较 A/D 转换电路

并联比较型 A/D 转换器是一种高速模数转换电路。

1）电路组成

图 6-13 所示为并联比较型 A/D 转换器的典型电路形式，它由电阻分压器、电压比较器、寄存器及编码器组成。V_{REF} 是基准电压，u_I 是输入模拟电压，其幅值在 $0 \sim V_{REF}$ 之间，$d_2 d_1 d_0$ 是输出的 3 位二进制代码，CP 是控制时钟信号。

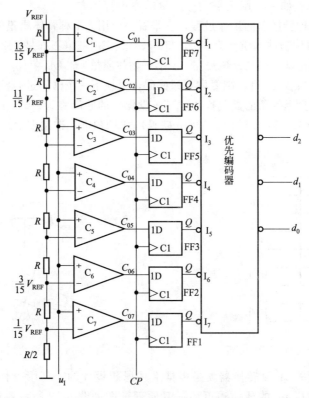

图 6-13　并联比较型 A/D 转换器

用八个串联起来的电阻对 V_{REF} 进行分压，从而得到从 $V_{REF}/15 \sim 13\,V_{REF}/15$ 之间的七个比较电平，并把它们分别接到比较器 $C_1 \sim C_7$ 反相输入端。输入模拟电压 u_I 接到每个比较器的同相输入端上，使之与七个比较电平进行比较。

寄存器由七个边沿 D 触发器构成，CP 上升沿触发，其输出送给编码器进行编码，编码器的输出就是转换结果——与输入模拟电压 u_I 相对应的 3 位二进制数。

2）工作原理

当 $u_I < V_{REF}/15$ 时，七个比较器输出全为 0，CP 到来后，寄存器中各个触发器都被置成 0 状态。

当 $V_{REF}/15 \leqslant u_I < 3V_{REF}/15$ 时，只有 C1 输出为 1，所以 CP 信号到来后，也只有触发器 FF1 被置成 1 状态，其余触发器仍为 0 状态。

依此类推，便可很容易地列出 u_I 为不同电平时寄存器的状态及相应的输出数字量，见表 6-1。

表 6-1　图 6-13 所示电路的真值表

输入模拟电压 u_I	寄存器状态							输出数字量		
	Q_7^n	Q_6^n	Q_5^n	Q_4^n	Q_3^n	Q_2^n	Q_1^n	d_2	d_1	d_0
$(0 \sim \frac{1}{15})V_{REF}$	0	0	0	0	0	0	0	0	0	0
$(1 \sim \frac{3}{15})V_{REF}$	0	0	0	0	0	0	1	0	0	1
$(\frac{3}{15} \sim \frac{5}{15})V_{REF}$	0	0	0	0	0	1	1	0	1	0

续表

输入模拟电压 u_1	寄存器状态							输出数字量		
	Q_7^n	Q_6^n	Q_5^n	Q_4^n	Q_3^n	Q_2^n	Q_1^n	d_2	d_1	d_0
$(\frac{5}{15}\sim\frac{7}{15})V_{REF}$	0	0	0	0	1	1	1	0	1	1
$(\frac{7}{15}\sim\frac{9}{15})V_{REF}$	0	0	0	1	1	1	1	1	0	0
$(\frac{9}{15}\sim\frac{11}{15})V_{REF}$	0	0	1	1	1	1	1	1	0	1
$(\frac{11}{15}\sim\frac{13}{15})V_{REF}$	0	1	1	1	1	1	1	1	1	0
$(\frac{11}{15}\sim1)V_{REF}$	1	1	1	1	1	1	1	1	1	1

表 6-1 非常具体地说明了图 6-13 所示电路，能够把输入的模拟电压 u_1 转换成相应的输出数字量 $d_2d_1d_0$。

6.2.5　A/D 转换器主要特点

（1）转换精度

并联比较型 A/D 转换器的转换精度主要取决于量化电平的划分，分得越细即 Δ 越小，精度越高。当然，所用的比较器和触发器也越多，编码器的电路也越复杂。此外，转换精度还要受分压电阻的相对精度和比较器灵敏度的影响。

（2）转换速度快

并联比较型 A/D 转换器的最大优点是转换速度快。如果从 CP 信号上升沿时刻算起，图 6-13 所示电路完成一次转换所需要的时间，只包括一级触发器翻转时间和两级门的传输延时时间。而且各位代码的转换几乎是同时进行的，增加输出代码位数对转换时间的影响较小。目前，单片集成的并联比较型 A/D 转换器，输出为 4 位和 6 位二进制数的产品，完成一次转换所用的时间可在 10ns 以内。

（3）用比较器和触发器多

并联比较型 A/D 转换器的主要缺点是要使用的比较器和触发器很多，尤其是输出数字量位数较多时。由图 6-13 所示可以计算出，输出为 3 位二进制代码时，需要比较器和触发器的个数均为 $2^3-1=7$。显然，当输出为 n 位二进制数时，需要个数应为 2^n-1。如：当 $n=10$ 时，所需要使用的比较器和触发器的个数均应为 $2^{10}-1=1023$，不言而喻，这当然是不经济的，不难理解，相应的编码器也要变得复杂起来。这种转换器适用于速度高、精度低场合。

6.2.6　A/D 转换器的主要技术指标

不同种类的 A/D 转换器其特性指标也不相同，选用时应根据具体电路的需要合理选择 A/D 转换器。

（1）分辨率

分辨率也称为分解度，以输出二进制数码的位数来表示 A/D 转换器对输入模拟信号的分辨能力。一般来说，n 位二进制输出的 A/D 转换器能够区分输入模拟电压的 2^n 个等级，能够区分输入电压的最小差异为满量程输入的 $1/2^n$。输出二进制数的位数越多，说明误差越小，转换精度越高。例如，输入的模拟电压满量程为 5V，8 位 A/D 转换器可以分辨的最小模拟电压为 $5/2^8=19.53$mV；而 10 位 A/D 转换器可以分辨的最小模拟电压为 $5/2^{10}=4.88$mV。

（2）输入模拟电压范围

A/D 转换器输入的模拟电压是可以改变的，但必须有一个范围，在这一范围内，A/D 转换器可以正常工作，否则将不能正常工作，如 AD57/JD 转换器的输入模拟电压范围为：单极性为：0～10V，双极性为−5～＋5V。

（3）转换精度

它是指在整个转换范围内，输出数字量所表示的模拟电压值与实际输入模拟电压值之间的偏差。其值应小于输出数字最低有效位为 1 时所表示模拟电压值的一半。

（4）转换时间

转换时间是指完成一次 A/D 转换所用的时间，即从接收到转换信号起，到输出端得到稳定的数字信号输出为止的这段时间。转换时间短，说明转换速度快。

（5）温度系数

温度系数是指在正常工作条件下，温度每改变 1℃输出的相对变化。

（6）电源抑制

电源抑制是指输入模拟电压不变，当 A/D 转换器电源电压改变时对输出数字量的影响。电源抑制用输出数字信号的绝对变化量来表示。

6.2.7　集成 ADC0809

集成 ADC0809 是采用 CMOS 工艺制成的单片 8 位 8 通道逐次逼近式 A/D 转换器，它可同时接收 8 路模拟信号输入，共用一个 A/D 转换器，并由一个选通电路决定哪一路信号进行转换。

1）ADC0809 内部结构组成

ADC0809 器件的核心部分是 8 位 A/D 转换器，其内部逻辑结构框图如图 6-14 所示，它由以下 4 个部分组成。

① 逻辑控制与时序部分，包括控制信号及内部时钟。

② 逐次逼近式寄存器。

③ 电阻网络与树状电子开关（相当于 D/A 转换器）。

④ 比较器。

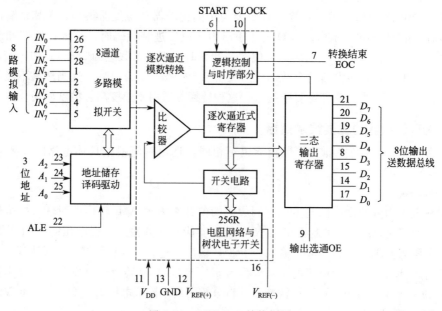

图 6-14　ADC0809 结构框图

2）ADC0809 引脚说明

如图 6-15 为 ADC0809 转换器的引脚结构图，各管脚的功能说明如下。

$IN_0 \sim IN_7$：8 路模拟输入端；

ST：启动信号输入端，应在此脚施加正脉冲，当上升沿到达时，内部逐次逼近寄存器复位，在下降沿到达后，开始 A/D 转换过程；

EOC：转换结束输出信号（转换结束标志），当完成 A/D 转换时发出一个高电平信号，表示转换结束；

A、B、C：模拟通道选择器地址输入端，根据其值选择 8 路模拟信号中的一路进行 A/D 转换；

ALE：地址锁存信号，高电平有效，当 ALE＝1 时，选中 A2A1A0 选择的一路，并将其代表的模拟信号接入 A/D 转换器之中；

$D_0 \sim D_7$：8 路数字信号输出端；

$V_{REF(+)}$、VREF－：基准电压端，提供 D/A 转换器权电阻的标准电平，一般 VREF＋端接＋5 V 电源，REF－端接地；

OE：允许输出控制端，高电平有效；

CLK：时钟信号输入端，外接时钟频率一般为 100kHz；

V_{CC}：＋5V 电源；

GND：地端。

1	IN_3	IN_2	28
2	IN_4	IN_1	27
3	IN_5	IN_0	26
4	IN_6	A	25
5	IN_7	B	24
6	ST	C	23
7	EOC	ALE	22
8	D_3	D_7	21
9	OE	D_6	20
10	CLK	D_5	19
11	V_{CC}	D_4	18
12	$V_{REF(+)}$	D_0	17
13	GND	$V_{REF(-)}$	16
14	D_1	D_2	15

图 6-15　ADC0809 转换器的引脚结构图

6.2.8　集成 ADC0809 的典型应用

ADC0809 广泛用于单片微型计算机应用系统，可利用微机提供的 CP 脉冲接到 CLK 端，同时微机的输出信号对 ADC0809 的 ST、ALE、A、B、C 端进行控制，选中 $IN_0 \sim IN_7$ 中的某一个模拟输入通道，并对输入的模拟信号进行模/数转换，通过三态寄存器的 $D_0 \sim D_7$ 端输出转换后的数字信号。

当然，ADC0809 也可以独立使用，连接电路如图 6-16 所示，OE、ALE 通过一限流电阻接＋5V 电源，处于高电平有效状态。当 ST 引脚施加正向触发脉冲后，ADC0809 便开始 A/D 转换过程。为了使集成电路连续工作在 A/D 转换状态，将 EOC 端连接到 ST 端，这样，每次 A/D 转换结束时，EOC 端输出的高电平脉冲信号又施加到 ST 端，提供了下一轮的 A/D 转换启动脉冲。

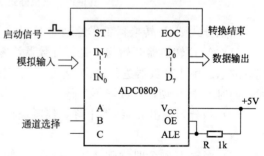

图 6-16　ADC0809 独立使用连接电路

$IN_0 \sim IN_7$ 模拟输入通道的选择可通过改变 A、B、C 的状态而实现。例如，ABC＝000，则模拟信号通过 IN_0 通道送入后进行 A/D 转换；ABC＝001，则模拟信号通过 IN_1 通道送入后进行 A/D 转换；以此类推，ABC＝111 时，模拟信号通过 IN_7 送入后进行A/D转换。

6.3   3$\frac{1}{2}$位直流数字电压表的制作

【学习目标】

① 进一步掌握 A/D 转换器的功能和工作原理。

② 掌握双积分式 A/D 转换器的方框图和工作原理。

③ 掌握 3$\frac{1}{2}$位直流数字电压表的工作原理和制作调试方法。

6.3.1   双积分式 A/D 转换器的工作原理

双积分式 A/D 转换器的工作过程：先对一段时间内的输入模拟量通过两次积分，变换为与输入电压平均值成正比的时间间隔，然后用固定频率的时钟脉冲进行计数，计数结果就是正比于输入模拟信号的数字信号。下面以 U-T 变换型双积分 A/D 转换器为例讲解双积分式 A/D 转换器的工作原理。

图 6-17 所示是双积分式 A/D 转换器的控制逻辑框图。它由积分器（包括运算放大器 A_1 和 RC 积分网络）、过零比较器 A_2、N 位二进制计数器、开关控制电路、门控电路、参考电压 U_{REF} 与时钟脉冲源 CP 组成。

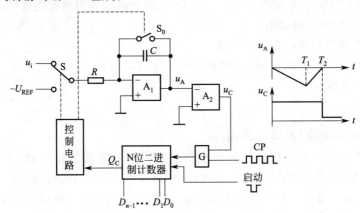

图 6-17   双积分式 A/D 转换器原理框图

双积分式 A/D 转换器工作原理如下。

（1）A/D 转换器开始前，先将计数器清零，并通过控制电路使开关 S_0 接通，将电容 C 充分放电。由于计数器进位输出 $Q_C=0$，控制电路使开关 S 接通 u_i，模拟电压与积分器接通，同时 G 被封锁，计数器不工作。

（2）积分器输出 u_A 线性下降，经零值比较器 A_2 获得一方波 u_C，打开门 G，计数器开始计数。

（3）当输入 2^n 个时钟脉冲后，$t=T_1$，触发器各输出端 $D_{n-1}\sim D_0$ 由 111…1 回到 000… 0，其进位输出 $Q_C=1$，作为定时控制信号，通过控制电路将开关 S 转换至基准电压源 U_{REF}，积分器向相反方向积分，u_A 开始线性上升，计数器重新从 0 开始计数，直到 $t=T_2$，u_A 下降到 0，比较器输出的正方波结束，此时计数器中暂存的二进制数字就是 u_i 相对应的二进制数码。

双积分式 A/D 转换器有以下特点。

（1）工作性质稳定。数字量的输出与积分时间常数 RC 无关，时钟脉冲较长时间里发生的缓慢变化不会影响转换的结果。

（2）抗干扰能力强。A/D 转换器的输入为积分器，能有效抑制电网的工频干扰。

（3）工作速度低。完成一次转换需 $T_1 + T_2$ 时间，加上准备时间及转换结果输出时间，则所需的工作时间就更长。

（4）由于工作速度低，只适用于对直流电压或缓慢变化的模拟电压进行 A/D 转换。

6.3.2　MC14433

1）MC14433 的概述

C14433 是美国 Motorola 公司推出的 CMOS 双积分 $3\frac{1}{2}$ 位 A/D 转换器（$3\frac{1}{2}$ 位是指个位、十位、百位的显示范围为 0~9，而千位只有 0 和 1 两个状态，因此称该位为半位）。其内部积分器部分的模拟电路和控制部分的数字电路被集成在同一芯片上，使用时只需外接两个电阻和两个电容，即可组成具有自动调零和自动极性切换功能的 A/D 转换器系统。

MC14433 的主要功能在数字面板表、数字万用表、数字温度计、数字量具、遥测遥控系统及计算机数据采集系统的 A/D 转换接口中。

2）14433 主要功能特性

MC14433 具有外接元件少、输入阻抗高、功耗低、电源电压范围宽、精度高，可测量正负电压值等特点，并且具有自动调零和自动极性转换功能，只要外接少量的阻容件，即可构成一个完整的 A/D 转换器，且调试简便。

其主要功能特性如下。

（1）精度：读数的 $\pm 0.05\%\text{V} \pm 1$ 字。

（2）模拟电压输入量程：1.999V 和 199.9V 两挡。

（3）转换速率：2~25 次/s。

（4）输入阻抗：大于 1000MΩ。

（5）电源电压：$\pm 4.8 \sim \pm 8\text{V}$。

（6）功耗：8mW（$\pm 5\text{V}$ 电源电压时，典型值）。

（7）采用字位动态扫描 BCD 码输出方式，即千位、百位、十位、个位 BCD 码分时在 $Q_0 \sim Q_3$ 端轮流输出，同时在 $DS_1 \sim DS_4$ 端输出同步字位选通脉冲，能很方便实现 LED 的动态显示。

3）MC14433 的引脚功能及原理框图

（1）MC14433 引脚功能说明，如图 6-18 所示。

1 脚（V_{AG}）：被测电压 u_X 和基准电压 V_{REF} 的参考地；

2 脚（V_{REF}）：外接基准电压（2V 或 200mV）输入端；

3 脚（V_X）：被测电压输入端；

4 脚（R_1）：外接积分阻容元件端；

5 脚（R_1/C_1）：外接积分阻容元件端；

6 脚（C_1）：外接积分阻容元件端；

7 脚（C_{01}）：外接失调补偿电容端，典型值 $0.1\mu\text{F}$；

8 脚（C_{02}）：外接失调补偿电容端，典型值 $0.1\mu\text{F}$；

9 脚（DU）：更新显示控制端，用来控制转换结果的输出。若与 EOC 端（14 脚）连接，则每次 A/D 转换均会显示；

10~11 脚（CLKI~CLKO）：时钟脉冲输入、输出端，外接 470kΩ 电阻就可产生时钟信号，也可以从外部输入脉冲（从 CLKI 端接入）；

12 脚（V_{EE}）：电路的电源最负端，接－5V；

13 脚（V_{SS}）：除 CP 外所有输入端的低电平基准（通常与 1 脚连接）；

14 脚（EOC）：转换周期结束标记输出端，每一次 A / D 转换周期结束，EOC 端输出一个正脉冲。将 EOC 端接到 DU 端，那么输出的将是每次转换后的新结果；

15 脚（$\overline{OR}$）：过量程标志输出端，当 $|u_X|>V_{REF}$ 时，输出为低电平（即溢出时为 0）；

16 脚（DS_1）：多路选通脉冲输入端，DS_1 对应于千位；

17 脚（DS_2）：多路选通脉冲输入端，DS_2 对应于百位；

18 脚（DS_3）：多路选通脉冲输入端，DS_3 对应于十位；

19 脚（DS_4）：多路选通脉冲输入端，DS_4 对应于个位；

20～23 脚（$Q_0 \sim Q_3$）：BCD 码数据输出端。DS_1、DS_2、DS_3 选通脉冲期间，输出三位完整的十进制数，在 DS_4 选通脉冲期间，输出千位 0 或 1 及过量程、欠量程和被测电压极性标志信号；

24 脚（V_{DD}）：正电源电压端。

（2）MC14433 的原理框图，如图 6-19 所示。

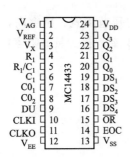

图 6-18　MC14433 引脚功能

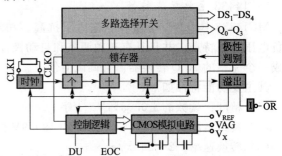

图 6-19　MC14433 的原理框图

6.3.3　$3\frac{1}{2}$ 位直流数字电压表的原理框图

$3\frac{1}{2}$ 位直流数字电压表的核心器件是 MC14433，它是一个双积分式 A / D 转换器。它首先将输入的模拟电压信号变换成易于准确测量的时间量，然后在这个时间宽度里用计数器计时，计数结果就是正比于输入模拟电压的数字量。其显示时采用动态扫描（工作时 4 个数码管轮流点亮，利用人眼视觉惰性，当扫描频率较高时就能够得到显示的整体效果，当扫描频率过低时显示的数码会有闪烁感）方式，采用这种方式较为省电，但需要字形译码驱动电路和字位驱动电路，这种数字电压表的原理框图如图 6-20 所示。

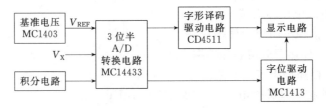

图 6-20　$3\frac{1}{2}$ 位直流数字电压表的原理框图

（1）精密基准电源 MC1403

A / D 转换需要外接标准电压源作参考电压。标准电压源的精度应当高于 A / D 转换器的精度。本电路采用 MC1403 集成精密稳压源作参考电压，MC1403 的输出电压为 2.5V，当输入电压在 4.5～15V 范围内变化时，输出电压的变化不超过 3mV，一般只有 0.6mV 左右。输出最大电流为 10mA。

MC1403 引脚排列如图 6-21 所示。

（2）七路达林顿晶体管列阵 MC1413

MC1413 采用 NPN 达林顿复合晶体管的结构，因此有很高的电流增益和很高的输入阻抗，可直接接收 MOS 或 CMOS 集成电路的输出信号，并把电压信号转换成足够大的电流信号驱动各种负载。该电路内含有 7 个集电极开路反相器（也称 OC 门）。MC1413 电路结构和引脚排列如图 6-22 所示。它采用了 16 引脚的双列直插式封装。每个驱动器输出端均接有一释放电感负载能量的抑制二极管。

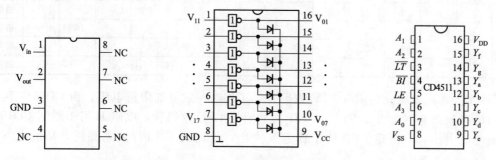

图 6-21　MC1403 引脚排列　　图 6-22　MC1413 电路结构和引脚排列图　　图 6-23　CD4511 引脚排列

（3）七段译码/显示驱动器 CD4511

CD4511 是一片 CMOS BCD-锁存/七段译码/驱动器，用于驱动共阴极 LED（数码管）显示器的 BCD 码-七段码译码器。特点如下：具有 BCD 转换、消隐和锁存控制、七段译码及驱动功能的 CMOS 电路能提供较大的拉电流。可直接驱动 LED 显示器。

CD4511 具有锁存、译码、消隐功能，通常以反相器作输出级，通常用以驱动 LED。其引脚图如图 6-23 所示。

各引脚的名称：其中 7、1、2、6 分别表示 A_0、A_1、A_2、A_3，为二进制数据输入端；5、4、3 分别表示 LE、$\overline{BI}$、$\overline{LT}$，其中 LE 为数据锁定控制端，$\overline{BI}$ 为输出消隐控制端，$\overline{LT}$ 为灯测试端；13、12、11、10、9、15、14 分别表示 Y_a、Y_b、Y_c、Y_d、Y_e、Y_f、Y_g，分别表示数据输出端；8、16 分别表示的是 V_{SS}、V_{DD}。

CD4511 的工作真值表如表 6-2 所示。

表 6-2　CD4511 的工作真值表

输　入							输　出							
LE	$\overline{BI}$	$\overline{LT}$	A_3	A_2	A_1	A_0	Y_a	Y_b	Y_c	Y_d	Y_e	Y_f	Y_g	显示字形
×	×	0	×	×	×	×	1	1	1	1	1	1	1	8
×	0	1	×	×	×	×	0	0	0	0	0	0	0	消隐
0	1	1	0	0	0	0	1	1	1	1	1	1	0	0
0	1	1	0	0	0	1	0	1	1	0	0	0	0	1
0	1	1	0	0	1	0	1	1	0	1	1	0	1	2
0	1	1	0	0	1	1	1	1	1	1	0	0	1	3
0	1	1	0	1	0	0	0	1	1	0	0	1	1	4
0	1	1	0	1	0	1	1	0	1	1	0	1	1	5

输　　入							输　　出							显示字形
LE	$\overline{BI}$	$\overline{LT}$	A_3	A_2	A_1	A_0	Y_a	Y_b	Y_c	Y_d	Y_e	Y_f	Y_g	
0	1	1	0	1	1	0	0	0	1	1	1	1	1	6
0	1	1	0	1	1	1	1	1	1	0	0	0	0	7
0	1	1	1	0	0	0	1	1	1	1	1	1	1	8
0	1	1	1	0	0	1	1	1	1	0	0	1	1	9
0	1	1	1	0	1	0	0	0	0	0	0	0	0	消隐
0	1	1	1	0	1	1	0	0	0	0	0	0	0	消隐
0	1	1	1	1	0	0	0	0	0	0	0	0	0	消隐
0	1	1	1	1	0	1	0	0	0	0	0	0	0	消隐
0	1	1	1	1	1	0	0	0	0	0	0	0	0	消隐
0	1	1	1	1	1	1	0	0	0	0	0		0	消隐
1	1	1	×	×	×	×	锁　　存							锁存

CD4511 常用于驱动共阴极 LED 数码管，工作时一定要加限流电阻。由 CD4511 组数字显示电路如图 6-24 所示。图中 BS201 为共阴极 LED 数码管，电阻 R 用于限制 CD4511 的输出电流大小，它决定 LED 的工作电流大小，从而调节 LED 发光亮度，R 值由下式决定：

$$R=\frac{U_{OH}-U_D}{I_D}$$

式中，U_{OH} 为 CD4511 输出高电平（$\approx V_{DD}$）；U_D 为 LED 的正向工作电压（$1.5\sim 2.5V$）；I_D 为 LED 的笔画电流（为 $5\sim 10mA$）。

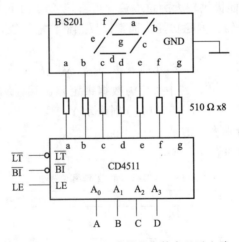

图 6-24　CD4511 组成的基本数字显示电路

6.3.4　$3\frac{1}{2}$ 位直流数字电压表的制作

1）制作目的

(1) 掌握双积分式 A/D 转换器的工作原理。

(2) 熟悉 $3\frac{1}{2}$ 位 A/D 转换器 MC14433 的工作特点、原理框图及其引脚功能。

（3）掌握由 MC14433 构成的直流数字电压表的电路原理及其制作、调试方法。

2）制作设备及器件

±5V 直流电源、双踪示波器、标准数字万用表、万能板及制作元器件套件。

3）电路板制作

$3\frac{1}{2}$ 位直流数字电压表的制作电路如图 6-25 所示。

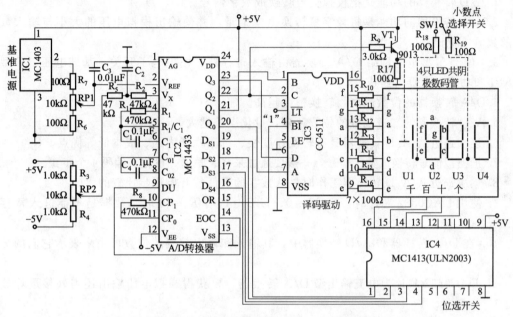

图 6-25　$3\frac{1}{2}$ 位直流数字电压表的制作电路

知识梳理与总结

（1）本项目主要讲解 A/D 与 D/A 转换器的功能、工作原理和主要性能指标。

（2）D/A 转换的方法很多，由于倒 T 型电阻网络 D/A 转换器只有 R 和 2R 两种电阻，故转换精度容易保证，并且各模拟开关的电流大小相同，给生产制造带来很大方便，所以倒 T 型电阻网络 D/A 转换器得到广泛的应用。掌握倒 T 型电阻网络 D/A 转换器的工作原理和典型计算（模拟信号输出的计算）。

（3）了解 DAC0832 内部结构和各引脚功能，掌握其典型应用电路的功能测试方法。

A/D 转换器按工作方式可分为比较式和积分式两大类。目前广泛应用的 A/D 转换器有比较型逐次逼近型 A/D 转换器和双积分式 A/D 转换器。掌握这两种 A/D 转换器的结构、工作原理和特点。

（4）了解 ADC0809 内部结构和各引脚功能，掌握其典型应用电路的功能测试方法。

（5）掌握 3 位直流数字电压表的原理框图，并能理解和分析该电路的组成和工作原理；掌握 $3\frac{1}{2}$ 位直流数字电压表 PCB 板的布局和装配调试方法。

 练习题

6-1　判断题

1. A/D 转换器的功能是把模拟信号转换成数字信号。（　　　）

2. D/A 转换器的功能是将数字量转换为模拟量，并使输出模拟电压的大小与输入数字量的数值成正比。（　　　）

3. 4 位倒 T 型电阻网络 D/A 转换器由输入寄存器、模拟电子开关、基准电压、T 型电阻网络和功率放大器等组成。（　　　）

4. D/A 转换器的位数越多，转换精度越高。（　　　）

5. A/D 转换器的二进制数的位数越多，量化误差越大。（　　　）

6. 逐次逼近式 A/D 转换器具有转换速度快、抗干扰能力强、成本低等优点。（　　　）

7. 把模拟信号转换成数字信号，一般要通过采样、整形、量化、编码 4 个步骤。（　　　）

8. 逐次逼近式 A/D 转换器工作时是从数字的最低位开始逐步比较的。（　　　）

9. 使用 DAC0832 芯片时，当 $\overline{CS}=0$、$ILE=1$、$\overline{WR_1}=0$ 时，数据是不能进入寄存器的。（　　　）

10. 在 D/A 转换器和 A/D 转换器中，其输入和输出数码的位数可用来表示它们的分辨率。（　　　）

11. DAC0832 芯片为电流输出型 D/A 转换器，要获得模拟电压输出还需外接运算放大器。（　　　）

12. 在集成 D/A 转换器电路中，为了避免干扰，常设数字和模拟两个地。（　　　）

13. 在 $3\frac{1}{2}$ 位直流数字电压表电路中，如基准电压 U_{REF} 上升，则其显示值会减小。（　　　）

6-2　选择题

1. D/A 转换器电路又叫（　　　）。

　　A. 数码寄存器　　　　B. 电压变换器　　　　C. 模数转换器　　　　D. 数模转换器

2. 为了能将模拟电流转换成模拟电压，通常在集成 D/A 转换器的输出端外加（　　　）。

　　A. 译码器　　　　　　B. 编码器　　　　　　C. 触发器　　　　　　D. 运算放大器

3. 8 位 A/D 转换器中，若输入模拟电压满量程为 10V，则其可分辨的最小模拟电压为（　　　）V。

　　A. $\dfrac{10}{2^8}$　　　　　　B. $\dfrac{10}{2\times8}$　　　　　　C. $\dfrac{10}{2^8-1}$　　　　　　D. $\dfrac{10}{2\times8-1}$

4. DAC0832 与 CPU 的连接方式有（　　　）。

　　A. 双缓冲工作、单缓冲工作方式、直通工作方式

　　B. 双缓冲工作、单缓冲工作方式

　　C. 双缓冲工作、直通工作方式

　　D. 单缓冲工作方式、直通工作方式

5. ADC0809 是一种（　　　）的 A/D 集成电路。

　　A. 并行比较型　　　　B. 逐次逼近型　　　　C. 双积分型　　　　D. 倒电阻网络型

6. 一个 8 位的 D/A 转换器，其分辨率为（　　　）。

  A. 0.29%   B. 0.029%   C. 0.039%   D. 0.39%

7. 4 位 D/A 转换器的输入编码为 D_3、D_2、D_1、D_0，输出信号为 u_0。电路其他参数不变，若 $D_3D_2D_1D_0 = 1000$ 时，输出为 u_{o1}；$D_3D_2D_1D_0 = 0001$ 时，输出为 u_{o2}，则（　　）。

  A. $|u_{o1}| > |u_{o2}|$ B. $|u_{o1}| < |u_{o2}|$ C. $|u_{o1}| = |u_{o2}|$ D. 不确定

8. 一个 4 位 D/A 转换器，如输出电压满量程为 2V，则输出的最小电压值为（　　）V。

  A. $\dfrac{2}{15}$ B. $\dfrac{2}{16}$ C. $\dfrac{2}{4}$ D. $\dfrac{2}{2 \times 4}$

9. 一个 8 位逐次比较型 A/D 转换器的输入满量程为 10V，当输入模拟电压为 4.77V 时，A/D 转换器的输出数字量是（　　）。

  A. 00110101   B. 00111010   C. 01111010   D. 01101010

10. 对于 n 位 D/A 转换器，其分辨率表达式为（　　）。

  A. $\dfrac{1}{2^n - 1}$ B. $\dfrac{1}{2^n}$ C. $\dfrac{1}{2n - 1}$ D. $\dfrac{1}{2^{n-1}}$

11. 3 位倒 T 型电阻网络 D/A 转换器，在 $R_F = R$ 时，其输出模拟电压表达式为（　　）。

  A. $u_o = -\dfrac{U_{REF}}{2^3}(2^3 D_3 + 2^2 D_2 + 2^1 D_1)$

  B. $u_o = \dfrac{U_{REF}}{2^3}(2^2 D_2 + 2^1 D_1 + 2^0 D_0)$

  C. $u_o = -\dfrac{U_{REF}}{2^3}(2^2 D_2 + 2^1 D_1 + 2^0 D_0)$

  D. $u_o = \dfrac{U_{REF}}{2^3}(2^3 D_3 + 2^2 D_2 + 2^1 D_1)$

12. MC14433 是一种（　　）A/D 转换器。

  A. 逐次逼近式   B. 双积分式   C. 并行比较式   D. 倒 T 电阻网络式

项目 7　VHDL 实现全加器及计数器

【项目目标】

学完该项目，学生达到能利用 Altera 公司的 MAX＋plus Ⅱ（学生版）软件工具，把一个用 VHDL 描述的设计自动映射到可编程器件，即大容量可编程器件（CPLD）或现场可编程门阵列（FPGA）。代替了通过逻辑门电路、触发器设计逻辑电路逻辑功能，逻辑设计能力得到提升，理解 VHDL、CPLD 的作用。

【知识目标】

① 熟悉 MAX＋plus Ⅱ 的 VHDL 文本设计过程，学习简单组合逻辑电路的设计、仿真和测试方法。

② 熟悉 MAX＋plus Ⅱ 的 VHDL 文本设计过程，学习简单组合逻辑电路的设计、仿真和测试方法。

③ 总结体会 VHDL 语言的编程技巧方法。

【能力目标】

① VHDL 语言描述组合逻辑器件与时序逻辑器件的能力。

② 逻辑设计能力。

③ MAX＋plus Ⅱ 软件应用能力。

7.1　VHDL 语言介绍

【学习目标】

① 了解安装 MAX＋plus Ⅱ 软件的方法。学习新建文本文件及原理图文件的方法，注意文件的扩展名。

② 了解 VHDL 语言输入设计流程。

③ 学习 VHDL 的组成及各部分的作用。

PLD 可编程逻辑器件（Programable Logic Device）的简称，PLD 是电子设计领域中最具活力和发展前途的一项技术，PLD 能完成任何数字器件的功能，上至高性能 CPU，下至简单的 74 电路，都可以用 PLD 来实现。PLD 如同一张白纸或是一堆积木，工程师可以通过传统的原理图输入法，或是硬件描述语言 VHDL（Very High Speed Integrated Circuits Hardware Description Language，超高速集成电路硬件描述语言），自由地设计一个数字系统。通过软件仿真，我们可以事先验证设计的正确性。VHDL 就是目前比较通用的编程语言。

7.1.1　VHDL 所需要的软件环境

目前，市场上可编程逻辑器件的开发工具种类繁多，如 Altera 公司的 MAX＋plus Ⅱ 和 Quartus；Lattice 公司的 ispLEVER 和 Xilinx 公司的 ISE 等。但在目前，Altera 公司所占的市场份额较大，应用较为广泛的是 MAX＋plus Ⅱ。

VHDL 以 MAX＋plus Ⅱ 为基础进行编程时，可以按照下述方法进入文本输入环境。

（1）安装 MAX+plus Ⅱ软件，然后进入 MAX+plus Ⅱ环境，如图 7-1 所示。

（2）点击 File/New 后，会出现如图 7-2 所示的选择框，选择 Text Editor file 后点击 OK，出现如图 7-3 所示的界面，表示新建了一个文本文件。如果选择 Symbol Editor File 后点击 OK，表示新建了一个原理图文件。

图 7-1　MAX+plus Ⅱ的界面　　　图 7-2　点击 File/New 后出现的　　　图 7-3　选择 Text Editor file
　　　　　　　　　　　　　　　　　　选择框图　　　　　　　　　　　　后出现的界面

（3）把文件保存为扩展名为".vhd"的文件，这样才能以不同颜色的字体显示保留字。注意".vhd"文件名必须与 ENTITY 后的名字一致。

7.1.2　VHDL 语言输入设计流程

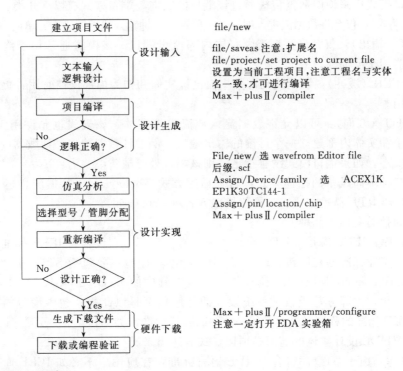

7.1.3　VHDL 语言

VHDL 语言是由美国国防部在 20 世纪 80 年代初为实现其高速集成电路计划（very high speed integrated circuit——VHSIC）而提出的一种 HDL——VHDL（高速集成电路硬件描述语言）。目的是为了给数字电路的描述与模拟提供一个基本的标准。VHDL 语言作为高级硬件行为描述型语言，如今已经广泛被应用到 FPGA/CPLD 和 ASIC 中的设计。

一个 VHDL 程序由 5 个部分组成，包括实体（ENTITY）、结构体（architecture）、配置（configuration）、包（package）和库（library）。实体和结构体两大部分组成程序设计的最基本单元。图 7-4 表示的是一个 VHDL 程序的基本组成。配置是用来从库中选择所需要的单元来组成该系统设计的不同规格的不同版本，VHDL 和 Verilog HDL 已成为 IEEE 的标准语言，使用 IEEE 提供的版本。包是存放每个设计模块都能共享的设计类型、常数和子程序的集合体。库是用来存放已编译的实体、结构体、包和配置。在设计中可以使用 ASIC 芯片制造商提供的库，也可以使用由用户生成的 IP 库。

（1）实体和结构体是 VHDL 设计文件的两个基本组成部分：实体部分描述设计系统的外部接口信号（即输入、输出信号）；结构体用于描述系统的内部电路（图 7-4）。

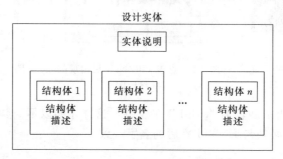

图 7-4　VHDL 实体和结构体说明

（2）端口模式用来说明数据传输通过该端口的方向。端口模式有以下几类：

① IN（输入）：仅允许数据流进入端口。主要用于时钟输入、控制输入、单向数据输入。

② OUT（输出）：仅允许数据流由实体内部流出端口。该模式通常用于终端计数一类的输出，不能用于反馈。

③ BUFFER（缓冲）：该模式允许数据流出该实体和作为内部反馈时用，但不允许作为双向端口使用。

④ INOUT（双向）：可以允许数据流入或流出该实体。该模式也允许用于内部反馈。缓冲模式用于在实体内部建立一个可读的输出端口，例如计数器输出、计数器的现态用来决定计数器的次态。如果端口模式没有指定，则该端口处于缺省模式为：IN。

（3）有三种不同风格的描述方式：行为描述方式（behavior）、数据流描述方式（dataflow）或寄存器 RTL 描述方式、结构化描述方式（structural）。

（4）库的种类有以下几种。

① IEEE 库：IEEE 库是 VHDL 设计中最为常见的库，它包含有 IEEE 标准的程序包和其他一些支持工业标准的程序包。IEEE 库中的标准程序包主要包括 STD_LOGIC_1164，NUMERIC_BIT 和 NUMERIC_STD 等程序包。其中的 STD_LOGIC_1164 是最重要、最常用的程序包，大部分基于数字系统设计的程序包都是以此程序包中设定的标准为基础的。符合 IEEE 标准的程序包并非符合 VHDL 语言标准，如 STD_LOGIC_1164 程序包。因此在使用 VHDL 设计实体的前面必须以显式表达出来。

② STD 库：由于 STD 库符合 VHDL 语言标准，在应用中不必如 IEEE 库那样以显式表达出来。

③ WORK 库：WORK 库是用户的 VHDL 设计的现行工作库，用于存放用户设计和定义的一些设计单元和程序包。因此自动满足 VHDL 语言标准，在实际调用中，不必以显式预先说明。

④ VITAL 库：使用 VITAL 库，可以提高 VHDL 门级时序模拟的精度，因而只在

VHDL 仿真器中使用。库中包含时序程序包 VITAL _ TIMING 和 VITAL _ PRIMI-TIVES。VITAL 程序包已经成为 IEEE 标准，在当前的 VHDL 仿真器的库中，VITAL 库中的程序包都已经并到 IEEE 库中。

（5）变量：变量不能用于存储元件。变量赋值和初始化赋值赋号都用"：＝"表示。变量赋的初值不是预设的，某一时刻只能有一个值。变量不能用于在进程间的传递数据。仿真时，变量用于建模；综合时，充当数据的暂存。

7.2　全加器的 VHDL 语言设计

【学习目标】

① 在复习全加器的功能的基础上。进一步复习组合逻辑电路的设计方法。

② 了解全加器的原理图输入方法，便于学习组合逻辑电路的原理图输入方法。

③ 了解全加器的文本方法输入方法，便于学习组合逻辑电路的文本输入方法。

7.2.1　全加器原理

全加器可对两个多位二进制数进行加法运算，同时产生进位。当两个二进制数相加时，高位相加时必须加入来自低一位的进位位（Ci），以得到输出位（S）和进位（Co）。其真值表如表 7-1 所示。

表 7-1　全加器真值表

输　　入			输　　出	
A	B	Ci	S	Co
0	0	0	0	0
0	0	1	1	0
0	1	0	1	0
0	1	1	0	1
1	0	0	1	0
1	0	1	0	1
1	1	0	0	1
1	1	1	1	1

全加器应有的脚位：

输入端：A、B、Ci；

输出端：S、Co。

7.2.2　原理图输入

（1）建立新文件：选取窗口菜单 File→New，出现对话框，选 Graphic Editor file 选项，单击 OK 按钮，进入图形编辑画面。

（2）保存：选取窗口菜单 File→Save，出现对话框，键入文件名 full _ add. gdf，单击 OK 按钮。

（3）指定项目名称，要求与文件名相同：选取窗口菜单 File→Project→Name，键入文件名 full _ add，单击 OK 按钮。

（4）确定对象的输入位置：在图形窗口内单击鼠标左键。

（5）引入逻辑门：选取窗口菜单 Symbol→Enter Symbol，在 \ Maxplus2 \ max2lib \

prim 处双击，在 Symbol File 菜单中选取所需的逻辑门，单击 OK 按钮。

（6）引入输入和输出脚：按步骤（5）选出输入脚和输出脚。

（7）更改输入和输出脚的脚位名称：在 PIN _ NAME 处双击鼠标左键，进行更名，输入脚为 B、A、Ci，输出脚为 Co。

（8）连接：将脚 B、A、Ci 连接到输入端，S、Co 脚连接到输出端，如图 7-5 所示。

（9）选择实际编码器件型号：选取窗口菜单 Assign→Device，出现对话框，选择 ACEX1K 系列的 EP1K30TC144-1。

（10）保存并查错：选取窗口菜单 File→Project→Save&Check，即可针对电路文件进行检查。

（11）修改错误：针对 Massage-Compiler 窗口所提供的信息修改电路文件，直到没有错误为止。

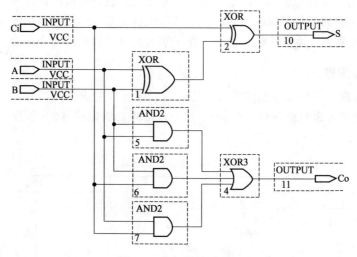

图 7-5　全加器的原理图

（12）保存并编译：选取窗口菜单 File→Project→Save &Compile，即可进行编译，产生 full _ add. sof 烧写文件。

（13）创建电路符号：选取窗口菜单 File→Create Default Symbol，可以产生 full _ add. sym 文件，代表现在所设计的电路符号。选取 File→Edit Symbol，进入 Symbol Edit 画面，全加器的电路符号如图 7-6 所示。

（14）创建电路包含文件：选取窗口菜单 File→Create Default Include File，产生用来代表现在所设计电路的 full _ add. inc 文件，供其他 VHDL 编译时使用，如图 7-7 所示。

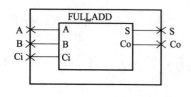

图 7-6　全加器的电路符号

FUNCTION full_add(a, b);
RETURNS (s, co);

图 7-7　全加器的电路包含文件

（15）时间分析：选取窗口菜单 Utilities→Analyze Timing，再选取窗口菜单 Analysis→Delay Matrix，可以产生如图 7-8 所示的时间分析结果。

Delay Matrix
Destination

	Co	S
A	7.9 ns	7.7 ns
B	7.9 ns	7.9 ns
Ci	7.7 ns	7.9 ns

图 7-8　全加器的时间分析结果

7.2.3　文本输入

（1）建立新文件：选取窗口菜单 File→New，出现对话框，选 Text Editor file 选项，单击 OK 按钮，进入文本编辑画面。

（2）保存：选取窗口菜单 File→Save，出现对话框，键入文件名 full _ add. text，单击 OK 按钮。

（3）指定项目名称，要求与文件名相同：选取窗口菜单 File→Project→Name，键入文件名 full _ add，单击 OK 按钮。

（4）选择实际编程器件型号：选取窗口菜单 Assign→Device，出现对话框，选择 ACEX1K 系列的 EP1K30TC144-1。

（5）输入 VHDL 源程序：

LIBRARY IEEE;

USE IEEE. STD _ LOGIC _ 1164. ALL;

USE IEEE. STD _ LOGIC _ UNSIGNED. ALL;

ENTITY full _ add IS

　PORT (A, B, Ci: IN　STD _ LOGIC;

　　S, Co　　: OUT STD _ LOGIC);

END full _ add;

ARCHITECTURE a OF full _ add IS

SIGNAL temp : STD _ LOGIC _ VECTOR (1 DOWNTO 0);

　BEGIN

　　　temp <= ('0' & A) +B+Ci;

　　S <= temp (0);

　　Co <= temp (1);

END a;

（6）保存并查错：选取窗口菜单

　　　File→Project→Save&Check，即可针对电路文件进行检查。

（7）修改错误：针对 Massage-Compiler 窗口所提供的信息修改电路文件，直到没有错误为止。

（8）保存并编译：选取窗口菜单 File→Project→Save&Compile，即可进行编译，产生 full _ add. sof 烧写文件。

（9）创建电路符号：选取窗口菜单 File→Create Default Symbol，可以产生 full _ add. sym 文件，代表现在所设计的电路符号。选取 File→Edit Symbol，进入 Symbol Edit 画面。

（10）创建电路包含文件：选取窗口菜单 File→Create Default Include File，产生用来代表现在所设计电路的 full _ add. inc 文件，供其他 VHDL 编译时使用。

（11）时间分析：选取窗口菜单 Utilities→Analyze Timing，再选取窗口菜单 Analysis→Delay Matrix，产生时间分析结果。

（12）软件仿真

① 进入波形编辑窗口：选取窗口菜单 MAX＋plus Ⅱ→Waveform Editor，进入波形编辑窗口。

② 引入输入和输出脚：选取窗口菜单 Node→Enter Nodes from SNF，出现对话框，单击 list 按钮，选择 Available Nodes 中的输入与输出，按"＝＞"键将 A、B、Ci、S、Co 移至右边，单击 OK 按钮进行波形编辑。

③ 设定时钟的周期：选取窗口菜单 Options→Gride Size，出现对话框，设定 Gride Size 为 50 ns，单击 OK 按钮。

④ 设定初始值并保存：设定初始值，选取窗口菜单 File→Save，出现对话框，单击 OK 按钮。

⑤ 仿真：选取窗口菜单 MAX＋plus Ⅱ→Simulator，出现 Timing Simulation 对话框，单击 Start 按钮，出现 Simulator 对话框，单击"确定"按钮，显示如图 7-9 所示的波形图。

⑥ 观察输入结果的正确性：单击 **A** 按钮，可以在时序图中写字，并验证仿真结果的正确性。

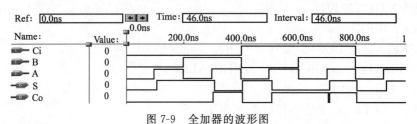

图 7-9　全加器的波形图

7.2.4　硬件仿真

1）下载验证

（1）选择器件：打开 MAX＋plus Ⅱ，选取窗口菜单 Assign→Device，出现对话框，选择 ACEX1K 系列的 EP1K30TC144-1。

（2）锁定引脚：选取窗口菜单 Assign→Pin/Location/Chip，出现对话框，在 Node Name 中分别键入引脚名称 A、B、Ci、S、Co，在 Pin 中键入引脚编号 68、67、65、17、13。引脚 68 对应 KEY1，信号灯为 LED＿KEY1；引脚 67 对应 KEY2，信号灯为 LED＿KEY2；引脚 65 对应 KEY3，信号灯为 LED＿KEY3；引脚 17、13 分别对应 LED1、LED2。

（3）编译：选取窗口菜单 File→Project→Save & Compile，即可进行编译。

（4）烧写：选取窗口菜单 Programmer→Configure 进行烧写。

2）验证结果

设定输入信号为键按下时输入"1"信号，此时信号灯亮；否则输入"0"信号，信号灯灭。输出信号为信号灯亮时为"1"，信号灯灭时为"0"。

按表 7-2 所示，分别按下 KEY1、KEY2、KEY3 键，观察输出 LED1 和 LED2 的结果。

表 7-2　全加器的实验结果

LED_KEY1(A)	LED_KEY2(B)	LED_KEY3(Ci)	LED1(S)	LED2(Co)
灭	灭	灭	灭	灭
灭	灭	亮	亮	灭
灭	亮	灭	亮	灭

LED_KEY1(A)	LED_KEY2(B)	LED_KEY3(Ci)	LED1(S)	LED2(Co)
灭	亮	亮	灭	亮
亮	灭	灭	亮	灭
亮	灭	亮	灭	亮
亮	亮	灭	灭	亮
亮	亮	亮	亮	亮

3）结果解释

信号输入键为 KEY1、KEY2、KEY3。按下 KEY1 键，信号灯 LED _ KEY1 亮，即把"1"信号输入到 68 引脚（A），否则表示送入信号"0"。按下 KEY2 键，信号灯 LED _ KEY2 亮，即把"1"信号输入到 67 引脚（B），否则表示送入信号"0"。按下 KEY3 键，信号灯 LED _ KEY2 亮，即把"1"信号输入到 65 引脚（Ci），否则表示送入信号"0"。

信号输出由信号灯 LED1、LED2 来显示。数码管亮时表示输出信号为"1"，否则为信号"0"，以此分别表示 17 引脚（S）、13 引脚（Co）的信号。

输出端的值由芯片 EP1K30TC144-1 通过程序所编的输入和输出之间的逻辑关系来确定。

7.3　基本计数器的设计

【学习目标】

① 在复习技术器功能的基础上。进一步复习时序逻辑电路的设计方法。

② 了解计数器的原理图输入方法，便于学习时序逻辑电路的原理图输入方法。

③ 了解计数器的文本方法输入方法，便于学习时序逻辑电路的文本输入方法。

计数器是数字系统的一种基本部件，是典型的时序电路。计数器的应用十分广泛，常用于数/模转换、计时、频率测量等。

基本计数器只能实现单一加法计数或减法计数功能，没有其他任何控制端。下面以加法计数器为例介绍其设计方法。加法计数器需要的基本引脚是：时钟输入端：clk；计数输出端：Q。

7.3.1　原理图设计

（1）建立新文件：选取窗口菜单 File→New，出现对话框，选 Graphic Editor file 选项，单击 OK 按钮，进入图形编辑画面。

（2）保存：选取窗口菜单 File→Save，出现对话框，键入文件名 counter. gdf，单击 OK 按钮。

（3）指定项目名称，要求与文件名相同：选取窗口菜单 File→Project→Name，键入文件名 counter，单击 OK 按钮。

（4）确定对象的输入位置：在图形窗口内单击鼠标左键。

（5）引入元件 LPM _ FF：选取窗口菜单 Symbol→Enter Symbol，在 \ Maxplus2 \ max2lib \ mega _ lpm 处双击鼠标左键，在 Symbol File 菜单中选取 LPM _ COUNTER 或直接键入 LPM _ COUNTER，单击 OK 按钮（或者双击空白区域也可进入 Enter Symbol 对话框）。

（6）引入并更改输入和输出脚脚位名称：按步骤（5）选出输入脚 INPUT 和输出脚

OUTPUT 后，在 PIN_NAME 处双击，进行更名，输入脚为 clk，输出脚为 Q [7..0]。

（7）设置数据宽度：双击 LPM_COUNTER 右上方的参数设置框，进入如图 7-10 所示的对话框，设置数据宽度。

（8）连接：连接各相应引脚，如图 7-11 所示。

（9）选择实际编程器件型号：选取窗口菜单 Assign→Device，出现对话框，选择 ACEX1K 系列的 EP1K30TC144-1。

（10）保存并查错：选取窗口菜单 File→Project→Save & Check，即可针对电路文件进行检查。

（11）修改错误：针对 Massage-Compiler 窗口所提供的信息修改电路文件，直到没有错误为止。

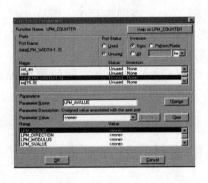

图 7-10   利用 LPM 参数设置框设置数据宽度

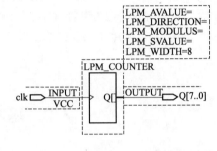

图 7-11   计数器原理图

（12）保存并编译：选取窗口菜单 File→Project→Save&Compile，即可进行编译，产生 counter. scf 烧写文件。

（13）创建电路包含文件：选取窗口菜单 File→Create Default Include File，产生用来代表现在所设计电路的 dff_g. inc 文件，供其他 VHDL 编译时使用。

（14）时间分析：选取窗口菜单 Utilities→Analyze Timing，再选取窗口菜单 Analysis→Delay Matrix，可以产生时间分析结果。

7.3.2 VHDL 设计

（1）建立新文件：选取窗口菜单 File→New，出现对话框，选 Text Editor file 选项，单击 OK 按钮，进入文本编辑画面。

（2）保存：选取窗口菜单 File→Save，出现对话框，键入文件名 counter. vhd，单击 OK 按钮。

（3）指定项目名称，要求与文件名相同：选取窗口菜单 File→Project→Name，键入文件名 counter，单击 OK 按钮。

（4）选择实际编程器件型号：选取窗口菜单 Assign→Device，出现对话框，选择 ACEX1K 系列的 EP1K30TC144-1。

（5）输入 VHDL 源程序：

USE IEEE. STD_LOGIC_1164. ALL；

USE IEEE. STD_LOGIC_UNSIGNED. ALL；

ENTITY counter IS

        PORT（clk：IN STD_LOGIC；

q：BUFFER STD_LOGIC_VECTOR（7 DOWNTO 0））；

END counter；

ARCHITECTURE a OF counter IS

BEGIN

PROCESS（clk）

　　VARIABLE qtmp：STD_LOGIC_VECTOR（7 DOWNTO 0）；

　　BEGIN

　　　IF clk'event' AND clk='1' THEN

qtmp：=qtmp+1；

　　END IF；

　　q<=qtmp；

　　END PROCESS；

END a；

（6）保存并查错：选取窗口菜单 File→Project→Save&Check，即可对电路文件保存并进行检查。

（7）修改错误：针对 Massage-Compiler 窗口所提供的信息修改电路文件，直到没有错误为止。

（8）保存并编译：选取窗口菜单 File→Project→Save &Compile，即可进行编译，产生counter. scf 烧写文件。

（9）仿真：进行软件仿真，观察仿真波形是否符合逻辑设计要求。

（10）创建电路符号：选取窗口菜单 File→Create Default Symbol，可以产生 counter. sym 文件，代表现在所设计的电路符号。选取 File→Edit Symbol，进入 Symbol Edit 进行编辑。此步也可通过按工具栏上的 按钮来实现。

（11）创建电路包含文件：选取窗口菜单 File→Create Default Include File，产生用来代表现在所设计电路的 counter. inc 文件，供其他 VHDL 编译时使用。

（12）时间分析：选取窗口菜单 Utilities→Analyze Timing，再选取窗口菜单 Analysis→Delay Matrix，产生时间分析结果。

7.3.3　软件仿真

（1）进入波形编辑窗口：选取窗口菜单 MAX+plusⅡ→Waveform Editor，进入仿真波形编辑器。

（2）引入输入和输出脚：选取窗口菜单 Node→Enter Nodes from SNF，出现对话框，单击 list 按钮，选择 Available Nodes 中的输入与输出，按"=>"键将 clk、Q 移至右边，单击 OK 按钮进行波形编辑。

（3）设定时钟的周期：选取窗口菜单 Options→Gride Size，出现对话框，设定 Gride Size 为 35 ns，单击 OK 按钮。

（4）设定初始值并保存：设定初始值，选取窗口菜单 File→Save，出现对话框，单击OK 按钮。

（5）仿真：选取窗口菜单 MAX+plusⅡ→Simulator，出现 Timing Simulation 对话框，单击 Start 按钮，出现 Simulator 对话框，单击"确定"按钮。

（6）观察输入结果的正确性：单击按钮，可以在时序图中写字，并验证仿真结果的正确性。仿真结果如图 7-12 所示。

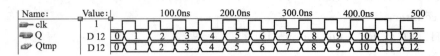

图 7-12　仿真结果

（7）波形分析：从仿真波形可以看出，每来一个时钟的上升沿，输出数据 Q 就累加一次，相当于对时钟进行计数，符合计数器的逻辑功能。因此该 VHDL 设计能实现预期的计数器的有关逻辑功能。

7.3.4　硬件验证

1）下载验证

（1）选择器件：打开 MAX＋pusⅡ，选取窗口菜单 Assign→Device，出现对话框，选择 ACEX1K 系列的 EP1K30TC144-1。

（2）引脚锁定：选取窗口菜单 Assign→Pin/Location/Chip，出现对话框，在 Node Name 中分别键入引脚名称。其中，clk 引脚编号为 55；Q7～Q0 的引脚编号为 133、135、136、137、138、140、8、9，这些引脚编号分别对应输出 LED12～LED5。

（3）编译：选取窗口菜单 File→Project→Save&Compile，即可对输入的 VHDL 程序进行编译。

（4）烧写：选取窗口菜单 Programmer，在弹出的对话框内选择 Configure 进行烧写。烧入烧写文件后，EDA 实验箱即开始工作。

2）观察结果

将时钟设为 1 Hz，VHDL 程序被载入芯片后，8 个 LED 灯的亮灭即发生变化，且变化规律是二进制递增的规律。当 8 个输出 LED 灯全亮后，又恢复到全灭，然后以同样的二进制递增的规律变化。

3）结果解释

12 个输出 LED 与计数器的输出 Q 端相连，LED 灯的亮灭情况符合二进制数据递增的规律，表明计数器确实在正常工作。当 8 个输出 LED 灯全亮时，表示计数器已计到"11111111"，下一个时钟在此基础上再加 1，根据二进制规律，结果应为"100000000"，使 LED12～LED5 对应"100000000"的低 8 位，所以输出 LED 恢复到全灭，表明计数器工作正常。

7-1　填空题

1. VHDL 语言是＿＿＿＿＿＿标准化语言。

2. 一个完整的 VHDL 程序包含：＿＿＿＿＿＿、＿＿＿＿＿＿、＿＿＿＿＿＿、＿＿＿＿＿＿、＿＿＿＿＿＿五个部分。

3. ＿＿＿＿＿＿部分说明了设计模块的输入/输出接口信号或引脚。

4. ＿＿＿＿＿＿部分描述了设计模块的具体逻辑功能。

5. VHDL 提供了四种端口模式：＿＿＿＿＿＿、＿＿＿＿＿、＿＿＿＿＿、＿＿＿＿＿。

6. 关键字实体的英文是：_____。

7. 关键字结构体的英文是：_____。

8. VHDL 语言常用的库有：_____、_____、_____。

9. 结构体的描述方式主要有：_____和_____。

10. IEEE 库常用的程序包有：_____、_____、_____。

7-2 选择题

1. VHDL 常用的库是（　　）标准库。

A. IEEE　　B. STD　　C. WORK　　D. PACKAGE

2. 在 VHDL 的端口声明语句中，用（　　）声明端口为输出方向。

A. IN　　B. OUT　　C. INOUT　　D. BUFFER

3. 在 VHDL 的端口声明语句中，用（　　）声明端口为双向方向。

A. IN　　B. OUT　　C. INOUT　　D. BUFFER

4. 在 VHDL 的端口声明语句中，用（　　）声明端口为具有读功能的输出方向。

A. IN　　B. OUT　　C. INOUT　　D. BUFFER

5. VHDL 的实体声明部分用来指定设计单元的（　　）。

A. 输入端口　　B. 输出端口　　C. 引脚　　D. 以上均可

6. 一个设计实体可以拥有一个或多个（　　）。

A. 设计实体　　B. 结构体　　C. 输入　　D. 输出

7. 在设计输入完成之后，应立即对设计文件进行（　　）。

A. 编辑　　B. 编译　　C. 功能仿真　　D. 时序仿真

8. VHDL 语言程序结构中必不可少的部分是：（　　）。

A. 库　　B. 程序包　　C. 配置　　D. 实体和结构体

7-3 判断题

1. IEEE 库使用时必须声明。（　　）

2. 实体（ENTITY）不是 VHDL 程序所必需的。（　　）

3. 一个实体只能有一个结构体。（　　）

4. OUT 模式的信号也可在表达式的右边使用。（　　）

5. INOUT 是双向信号，在表达式的右边使用时信号来自外部。（　　）

6. BUFFER 也可在表达式的右边使用，但其含义是指内部反馈信号。（　　）

7. 结构体内部定义的数据类型、常数、函数、过程只能用于该结构体。（　　）

8. STD 库使用时也必须声明。（　　）

9. 库的好处是可使设计者共享设计成果。（　　）

10. 库的说明语句必须放在实体前面。（　　）

7-4 写出信号进行下列各种运算后的结果。

x1<=a&b; ->x1<= _____

x2 <= c & d; ->x2<= _____

x3<= bXOR C; ->x3<= _____

x4<=aXOR b（3）; ->x4<= _____

x5 <=a AND NOT b（0）AND NOT c（1）; --x8 <= _____

项目 8　综合项目

综合项目 1　数字电子钟的设计与装调

1）学习目标

① 会应用脉冲产生整形电路。

② 会通过分频电路产生项目需要的 1s 脉冲。

③ 会用中规模集成电路制作出组合逻辑电路和时序逻辑电路。

④ 能制作并调试数字钟电路。

2）设计要求

① 设计一个具有小时、分钟，秒钟显示的电子钟（23 小时 59 分钟 59 秒）。能进行正常的时、分、秒计时功能。使用 6 个七段发光二极管数码管显示时间。其中时位以 24 小时为计数周期。

② 能进行手动校时，利用三个单刀双掷开关分别对时位、分位、秒位进行校正。具有整点报时功能。

③ 列出数字钟电路的元器件明细清单。

④ 用中小规模集成电路组装数字电子钟，并进行组装调试。

⑤ 写出设计，实验总结报告（各单元电路图，整机框图和总结电路，相应单元实测波形，电路原理，调试分析过程，结论和体会）。

3）数字电子钟框图

数字电子钟电路可划分为五部分：脉冲信号发生器、分频器、计数器、显示译码器和校时电路等，其逻辑电路的框图如图 8-1 所示。

4）数字电子钟设计

（1）译码显示电路：

① 译码电路：时、分、秒计数器的个位与十位分别通过每位对应一块七段显示译码器 74LS48，输出高电平有效，可以驱动共阴极数码管。74LS48 引脚图如图 8-2 所示。

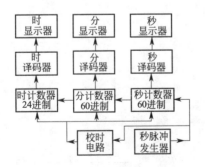

图 8-1　数字电子钟的逻辑电路框图

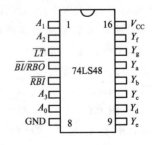

图 8-2　74LS48 引脚图

② 显示电路：显示电路采用半导体数码管。小时、分钟和秒，分别采用两位数码管组

170

成。由于 74LS48 输出高电平有效，需驱动共阴极数码管，3 脚与 8 脚同时接地连接。数码管引脚图如图 8-3，74LS48 与七段译码器的连接如图 8-4 所示。

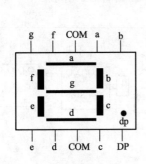

图 8-3 数码管引脚图

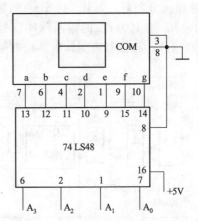

图 8-4 74LS48 与七段译码器的连接

（2）计数器电路

74LS160/161 引脚图如图 8-5 所示，74LS00 引脚图如图 8-6 所示。

钟的小时、分钟、秒钟分别采用 24 进制、60 进制、60 进制计数器完成。24 进制计数器采用两块集成计数器 74LS160 接成 24 进制，如图 8-7 所示。钟的分是 60 进制，采用两块 74LS160 接成 60 进制计数器。钟的秒与分是一样的，也采用两块 74LS160 计数器接成 60 进制计数器，如图 8-8 所示。当秒计数器累计 60 个秒脉冲时，会通过与非门的输出端低电平，将秒清零；同时，通过校时电路中的主控门（计数状态下的主控门相当于一个非门），向分钟计数器送出一个上升沿，分钟计数器就会累计 1 个数。当分计数器累计 60 个脉冲时，同理会向小时计数器送出一个有效的脉冲信号，小时计数器就会累计 1 个数。当小时计数器累计 24 个时脉冲时，小时就会清零。

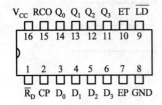

图 8-5 74LS160/161 引脚图

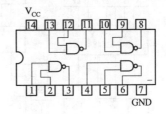

图 8-6 74LS00 引脚图

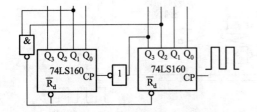

图 8-7 74LS160 构成的 24 进制计数器

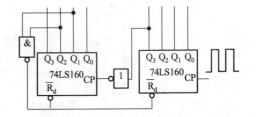

图 8-8 74LS160 构成的 60 进制计数器

（3）秒脉冲信号发生电路

①脉冲发生器：石英晶体振荡器的振荡频率最稳定，其产生的信号频率为 100kHz。

②分频器：石英晶体振荡器产生的信号频率 100kHz，要得到 1Hz 的秒脉冲信号，则需要将 100kHz 即 105kHz 进行五级十分频。图 8-9 采用五个中规模计数器 74LS160，将其串接起来组成分频器。每块 74LS160 的输出脉冲信号为输入信号的十分频，即相当于原来频率的 10^{-1}，则 100kHz 的输入脉冲信号通过五级十分频，相当于原来频率的 10^{-5} 正好获得 1s 脉冲信号，秒信号送到计数器的时钟脉冲 CP 端进行计数如图 8-9 所示。

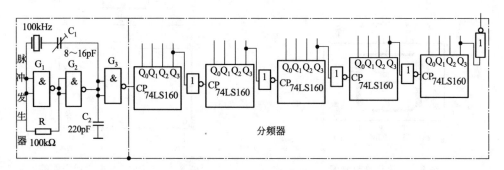

图 8-9   74LS160 组成分频器电路

（4）校时电路

在图 8-10 中设有两个快速校时电路，它是由基本 RS 触发器和与或非门组成的控制电路。电子钟正常工作时，开关 S_1、S_2 合到 S 端，将基本 RS 触发器置"1"，分、时脉冲信号可以通过控制门电路，而秒脉冲信号则不可以通过控制门电路。当开关 S_1、S_2 合到 R 端时，将基本 RS 触发器置"0"，封锁了控制门，使正常的计时信号不能通过控制门，而秒脉冲信号则可以通过控制门电路，使分、时计数器变成了秒计数器，实现了快速校准。

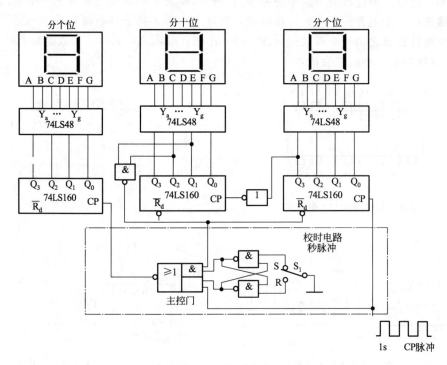

图 8-10 校时电路

（5）整点报时功能

该电路还可以附加一些功能，如进行定时控制、增加整点报时功能等。整点报时功能的参考设计电路如图 8-11 所示。此电路每当"分"计数器和"秒"计数器计到 59 分 50 秒时，便自动驱动音响电路，在 10s 内自动发出 5 次鸣叫声，每隔 1s 叫一次，每次叫声持续 1s。并且前 4 声的音调低，最后一响的音调高，此时计数器指示正好为整点（"0"分"0"秒）。音响电路采用射极跟随器推动喇叭发声，晶体管的基极串联一个 1kΩ 限流电阻，是为了防止电流过大烧坏喇叭，晶体管选用高频小功率管，如 9013 等，报时所需的 1kHz 及 500Hz 音频信号分别取自前面的多级分频电路。

整点报时电路要求在每个整点发出音响，因此需要对每个整点进行时间译码，以其输出驱动音响控制电路。

若要在每一整点发出五低音、一高音报时，需要对 59 分 50 秒到 59 分 59 秒进行时间译码。$Q_{D4} \sim Q_{A4}$ 是分十位输出，$Q_{D3} \sim Q_{A3}$ 是分个位输出，$Q_{D2} \sim Q_{A2}$ 是秒十位输出，$Q_{D4} \sim Q_{A4}$ 是秒个位输出。在 59 分时，A $= Q_{C4} Q_{A4} Q_{D3} Q_{A3} =1$；在 50 秒时，B $= Q_{C2} Q_{A2} =1$；秒个位为 0、2、4、6、8 秒时，$Q_{A1} =0$，C $= Q_{A1} =1$；因而 $F_1 = ABC = Q_{C4} Q_{A4} Q_{D3} Q_{A3} Q_{C2} Q_{A2} Q_{A1}$ 仅在 59 分 50 秒、52 秒、54 秒、56 秒、58 秒时等于 1，故可以用 F_1 作低音的控制信号。

当计数器每计到 59 分 59 秒时，A $= Q_{C4} Q_{A4} Q_{D3} Q_{A3} =1$，D $= Q_{C2} Q_{A2} Q_{D1} Q_{A1} =1$，此时 $F_2 = AD =1$。把 F_2 接至 JK 触发器控制端 J 端，CP 端加秒脉冲，则再计 1 秒到达整点时 $F_3 =1$，故可用 F_3 作一次高音控制信号。

用 F_1 控制 5 次低音、F_3 控制高音，经音响放大器放大，每当"分"和"秒"计数器累计到 59 分 50、52、54、56、58 秒发出频率为 500Hz 的五次低音，0 分 0 秒时发出频率为 1000Hz 的一次高音，每次音响的时间均为一秒钟，实现了整点报时的功能。

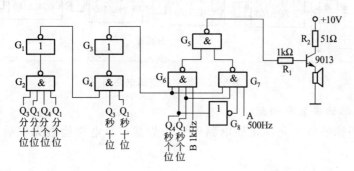

图 8-11　整点报时功能的参考设计电路

（6）按照这个框图设计的电子钟逻辑电路原理图如图 8-12 所示。

5）数字电子钟电路器件清单

数字电子钟所用的集成电路及其他元器件的名称、型号及数量见表 8-1。

表 8-1　数字电子钟电路所用元器件的名称、型号及数量

序号	名称	型号	数量
1	十进制计数器	74LS160	11
2	七段显示译码器	74LS48	6
3	半导体共阴极数码管	BS202/杯赛 07	6
4	两输入四与非门	74LS00	2
5	六反相器	74LS04	1
6	双路 2-2 输入与或非门	74LS51	1
7	电阻	680kΩ	2

续表

序号	名称	型号	数量
8	电阻	100kΩ	1
9	石英晶体振荡器	100kHz	1
10	电容、可变电容	220pF、8~16pF	各1

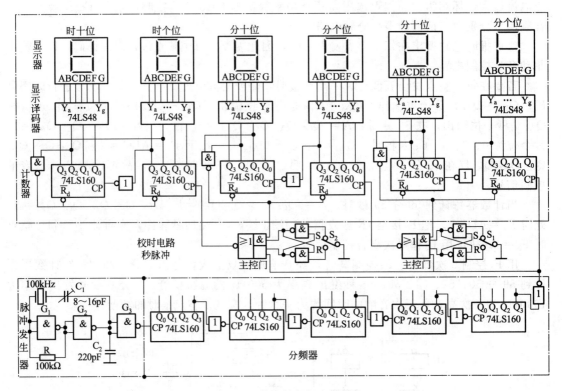

图 8-12　数字钟逻辑电路图

6）整机电路的安装与调试

将数字电子钟的各个元件按照电路安装和焊接好，电路检查无误后，即可通电进行调试。

调试可按照下列步骤进行。

（1）秒脉冲电路的安装和调试

按图 8-12 电路连线，用示波器检测脉冲发生电路输出信号和波形，输出频率应为 100kHz。将 100kHz 信号送入分频器，用示波器检测各级分频器的输出频率 符合要求。用示波器检测分频电路最后的输出信号和波形，输出频率应为 1Hz，周期就为 1s。

（2）计数器的安装和调试

将 1Hz 秒脉冲分别送入时、分、秒计数器，检查各组计数器的工作情况。当分频器和计数器调试正常后，观察电子钟是否准确、正常的工作。计数器输出可接发光二极管，观察在 CP 作用下 CP 为 1Hz 的状态的变化情况，验证是否为六十进制计数器。同理，可以验证二十四进制计数器。偶尔会出现秒的个位计数器到 9 再回到 0 的时候，各位不向十位计数器进位；秒计数器在向分计数器进位时，按图接线后发现，秒计数器计到五十九时，有时向分进位，有时不进，需要检查线路的连接，排除故障。

（3）校时电路的安装和调试

按图电路连线。观察校时电路的功能是否满足要求。将电路输出接发光二极管。推动开关，观察在 CP 作用下，输出端发光二极管的显示情况。

（4）整点电路的安装和调试

按图 8-12 电路连线。因为报时电路发出声响的时间是 59 分 50 秒至 59 分 58 秒之间，59 分的状态是不变的。测试时，1kHz 的 CP 信号在 555 谐振器上得到，500Hz 的 CP 信号可将 1kHz 的信号经二分频得到。QA1，QA2 端可接至十进制计数器的相应输出端。观察计数器在 CP 信号的作用下，发光二极管的显示情况。

（5）安装调试完毕后，将时间校对正确，则该电路可以准确地显示时间。

7）数字电子钟的实物图

综合项目 2　电子秒表的设计与制作

1）项目目的

①学习数字电路中基本 RS 触发器、单稳态触发器、555 秒脉冲发生器及 74LS90 二-五异步十进制计数器的功能。

②学习触发器、单稳态、多谐振荡器电路、计数器及译码显示等单元电路的综合应用。

③学习电子秒表的调试方法。

2）项目器材

①数字实验箱；　　　　　　　②数字示波器；

③直流数字电压表；　　　　　④数字频率计；

⑤74LS00 与非门（两块）；　⑥555（一块）；

⑦74LS90（三块）；　　　　　⑧CD4511（三块）；

⑨数码显示器（块）；　　　　⑩逻辑电平开关（三个）；

⑪电位器、电阻、电容若干。

3）项目原理

（1）基本 RS 触发器基本 RS 触发器

① 电路图如图 8-13 所示。

② 按动按钮开关 K2（接地），$\overline{R}=0$，触发器置 0 端有效，使触发器置 0，则门 1 输出 $\overline{Q}=1$；门 2 输出 $Q=0$。K2 复位后，相当于 $\overline{R}=1$，$\overline{S}=1$，置 0 端、置 1 端均无效，触发器保持原状态不变，即 Q、$\overline{Q}$ 状态保持不变。再按动按钮开关 K1，则 Q 由 0 变为 1，为计数器启动作好准备。$\overline{Q}$ 由 1 变 0，送出负脉冲，为启动单稳态触发器做好准备。

③ 作用。基本 RS 触发器在电子秒表中的作用：启动和停止秒表的工作。

（2）秒脉冲发生器

用 555 定时器构成的多谐振荡器，是一种性能较好的时钟源。

① 555 定时器引脚排列如图 8-14 所示。

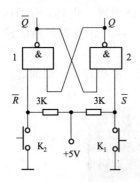

图 8-13　电路图

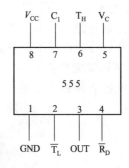

图 8-14　555 定时器引脚排列

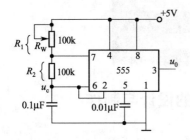

图 8-15　555 构成的多谐振荡器电路

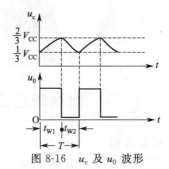

图 8-16　u_c 及 u_0 波形

② 555 构成的多谐振荡器电路如图 8-15 所示。

③ 工作原理。当通过电容充电使 6 脚输入信号超过参考电平 $\frac{2}{3}V_{CC}$ 时，即高电平触发，触发器复位，555 的输出端 3 脚输出低电平，同时放电开关管导通；当输入信号使 2 脚输入并低于 $\frac{1}{3}V_{CC}$ 时，触发器置位，555 的 3 脚输出高电平，同时放电开关管截止。

$\overline{R}_D$ 是复位端（4 脚），当 $\overline{R}_D = 0$，555 输出低电平。在本电路中，将 $\overline{R}_D$ 端开路或接 V_{CC}。调节电位器 R_W，使在输出端 3 获得频率为 50Hz 的矩形波信号。输出信号的时间参数是 $t = t_{W1} + t_{W2}$，$t_{W1} = 0.7(R_1 + R_2)C$，$t_{W1} = 0.7R_2C$。

555 构成的多谐振荡器电路输出波形如图 8-16 所示。

（3）单稳态触发器

① 由门电路构成的微分型单稳态触发器电路图如图 8-17 所示。

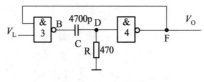

图 8-17　电路图

② 工作原理。静态时，门 4 应处于截止状态，故电阻 R 必须小于门的关门电阻 R_{off}。定时元件 RC 取值不同，输出脉冲宽度也不同。当触发脉冲宽度小于输出脉冲宽度时，可以省去输入微分电路的 R_P 和 C_P。单稳态触发器的工作波形如图 8-18 所示。由以上分析可知单稳态触发器输出脉冲宽度 t_W 取决于暂稳态维持时间，可近似估算为：$t_W \approx 0.7RC$。

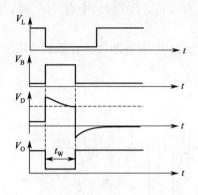

图 8-18　单稳态触发器波形图

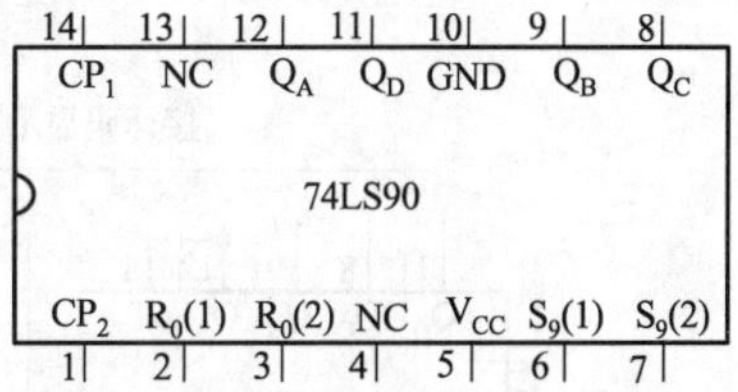

图 8-19　74LS90 引脚排列

③单稳态触发器作用。在电子秒表中的作用：为计数器提供清零信号。

（4）计数器

① 74LS90 二-五-十进制加法计数器，其引脚图如图 8-19 所示。

② 功能。集成异步计数器 74LS90 功能表如表 8-2 所示。

表 8-2　功能表

输　入						输　出				功　能
清 0		置 9		时　钟		Q_A	Q_D	Q_C	Q_B	
$R_0(1)$、$R_0(2)$		$S_9(1)$、$S_9(2)$		CP_1	CP_2					
1	1	0		×	×	0				清　0
		×								
0	×	1		×	×	1				置　9
×	0									
0　× ×　0		0　× ×　0		↓	1	Q_A 输　出				二进制计数
				1	↓	$Q_D Q_C Q_B$输出				五进制计数
				↓	Q_A	$Q_D Q_C Q_B Q_A$输出 8421BCD 码				十进制计数
				Q_D	↓	$Q_A Q_D Q_C Q_B$输出 5421BCD 码				十进制计数
				1	1	不　变				保　持

74LS90 是集成异步计数器，既可以作二进制加法计数器，又可以作五进制和十进制加法计数器。

通过不同的连接方式，74LS90 可以实现四种不同的逻辑功能；而且还可借助 R_0（1）、R_0（2）对计数器清零，借助 S_9（1）、S_9（2）将计数器置 9。其具体功能详述如下：

a. 计数脉冲从 CP_1 输入，Q_A 作为输出端，为二进制计数器。

b. 计数脉冲从 CP_2 输入，$Q_D Q_C Q_B$ 作为输出端，为异步五进制加法计数器。

c. 若将 CP_2 和 Q_A 相连，计数脉冲由 CP_1 输入，Q_D、Q_C、Q_B、Q_A 作为输出端，则构成异步 8421 码十进制加法计数器。

d. 若将 CP_1 与 Q_D 相连，计数脉冲由 CP_2 输入，Q_A、Q_D、Q_C、Q_B作为输出端，则构成

异步 5421 码十进制加法计数器。

e. 清零、置 9 功能。

（a）异步清零。当 R_0（1）、R_0（2）均为"1"；S_9（1）、S_9（2）中有"0"时，实现异步清零功能，即 $Q_D Q_C Q_B Q_A = 0000$。

（b）置 9 功能。当 S_9（1）、S_9（2）均为"1"；R_0（1）、R_0（2）中有"0"时，实现置 9 功能，即 $Q_D Q_C Q_B Q_A = 1001$。

③ 应用 74LS90 构成的计数单元电路。图 8-20 为二-五-十进制加法计数器 74LS90 构成电子秒表的计数单元。

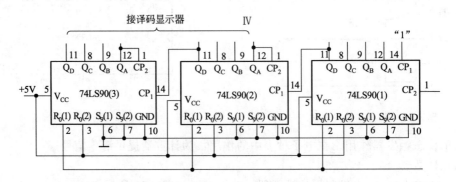

图 8-20　74LS90 构成的计数单元电路

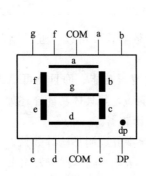

图 8-21　CD4511 引脚图

（5）译码显示电路

① 译码电路：七段显示译码器 CD4511，输出高电平有效，可以驱动共阴极数码管。引脚图如图 8-21 所示。

② 显示电路：显示电路采用半导体数码管。半导体数码管引脚图如图 8-22 所示。秒、0.1 秒、0.01 秒分别采用 1 位数码管组成。由于 74LS48 输出高电平有效，需驱动共阴极数码管，3 脚与 8 脚同时接地连接。

③ 显示译码电路的连接如图 8-23 所示。

4）项目内容

（1）框图

电子秒表的电原理框图如图 8-24 所示。

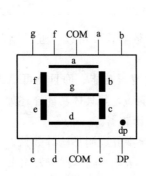

图 8-22　数码管引脚图

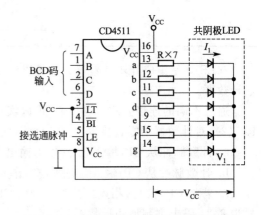

图 8-23　译码器与显示电路的连接电路

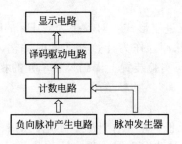

图 8-24　电子秒表的电原理框图

（2）原理图

电子秒表原理图如图 8-25 所示。

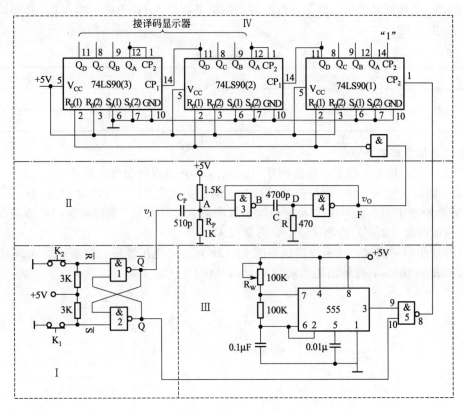

图 8-25　电子秒表原理图

（3）功能分析

单元 Ⅰ 为用集成与非门构成的基本 RS 触发器。属低电平直接触发的触发器，有直接置位、复位的功能。它的一路输出 $\overline{Q}$ 作为单稳态触发器的输入，另一路输出 Q 作为脉冲发生器的输出控制信号，当 $Q=1$ 时，脉冲才能取反输出给秒表的最低位。

单元 Ⅱ 为用集成与非门构成的微分型单稳态触发器，图 8-18 为各点波形图。单稳态触发器的输入触发负脉冲信号 v_i 由基本 RS 触发器 $\overline{Q}$ 端提供，输出负脉冲 v_O 通过非门加到计数器的清除端 R。

单元 Ⅲ 为用 555 定时器构成的多谐振荡器，是一种性能较好的时钟源。当基本 RS 触发器 $Q=1$ 时，门 5 开启，此时 50Hz 脉冲信号通过门 5 作为计数脉冲加于计数器①的计数输

入端 CP_2。

单元Ⅳ中计数器：①接成五进制形式，对频率为 50Hz 的时钟脉冲进行五分频，在输出端 Q_D 取得周期为 0.1s 的矩形脉冲，作为计数器②的时钟输入。计数器②及计数器③接成 8421 码十进制形式，其输出端与实验装置上译码显示单元的相应输入端连接，可显示 $0.1\sim 0.9s$；$1\sim 9.9s$。

（4）功能测试

按照单元Ⅰ、单元Ⅱ、单元Ⅲ、单元Ⅳ计数显示电路的顺序接线及调试，即分别测试基本 RS 触发器、单稳态触发器、脉冲发生器、秒表计数及显示功能，待各单元电路工作正常后，再将有关电路逐级连接起来进行测试……直到测试电子秒表整个电路的功能。这样的测试方法有利于检查和排除故障，保证训练顺利进行。

① 基本 RS 触发器的测试。0、1 通过 K1、K2 来得到，当合上时，为 0；断开时，为 1。将输出 Q、$\overline{Q}$ 接到输出指示灯上，灯亮时为高电平，填入 1；否则，填入 0。将测试结果填入表 8-3 中。

表 8-3　测试结果

$\overline{S}$	$\overline{R}$	Q	$\overline{Q}$	$\overline{R}$	$\overline{S}$	Q	$\overline{Q}$
0	0			1	0		
0	1			1	1		

②单稳态触发器的测试。

a. 静态测试。用直流数字电压表测量 A、B、D、F 各点电位值。记录。

b. 动态测试。输入端接 1kHz 连续脉冲源，用数字示波器观察并描绘 D 点（v_D）、F 点（v_O）波形，绘制于图 8-26 中。如果单稳输出脉冲持续时间太短，难以观察，可适当加大微分电容 C（如改为 $0.1\mu F$）待测试完毕，再恢复 4700pF。

③脉冲发生器的测试。用示波器观察图 8-16 中 u_c、u_0 电压波形，绘制于图 8-27 中，并测量其频率，调节 R_W，使输出矩形波频率为 50Hz。

图 8-26　单稳态触发器

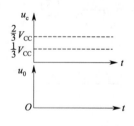

图 8-27　u_c、u_0 电压波形

④计数器的测试

a. 计数器①接成五进制形式，R_0 (1)、R_0 (2)、S_9 (1)、S_9 (2) 接逻辑开关输出插口，CP_2 接单次脉冲源，CP_1 接高电平"1"，$Q_D\sim Q_A$ 接实验设备上译码显示输入端 D、C、B、A，按表 1 测试其逻辑功能，记录。

b. 计数器②及计数器③接成 8421 码十进制形式，同内容 a. 进行逻辑功能测试。记录。

c. 将计数器①、②、③级连，进行逻辑功能测试，记录。

⑤ 电子秒表的整体测试。各单元电路测试正常后,按图 8-25 把几个单元电路连接起来,进行电子秒表的总体测试。

先按一下按钮开关 K_2,此时电子秒表不工作,再按一下按钮开关 K_1,则计数器清零后便开始计时,观察数码管显示计数情况是否正常,如不需要计时或暂停计时,按一下开关 K_2,计时立即停止,但数码管保留所计时之值。

⑥ 电子秒表准确度的测试。利用电子钟或手表的秒计时对电子秒表进行校准。

5)项目报告

(1) 列出电子秒表单元电路的测试表格。

(2) 写出调试电子秒表的步骤。

(3) 分析调试中发现的问题及故障排除方法。

6)预习要求

(1) 由于电路中使用器件较多,必须熟练每个器件的功能。

(2) 复习 RS 触发器,单稳态触发器、555 多谐振荡器、异步计数器及译码显示电路的功能等部分内容。

(3) 除了该项目中所采用的时钟源外,选用另外两种不同类型的时钟源,可供本项目用。画出电路图,选取元器件。

综合项目 3 温度检测电路的设计与装调

1)项目目的

① 了解 LM35 温度传感器的工作原理和特点。

② 熟悉 $3\frac{1}{2}$ 位双积分型 A/D 转换器 ICL7107 的性能及其引脚功能。

③ 掌握用 ICL7107 构成温度检测电路的方法。

2)项目原理

温度检测电路是通过 LM35 对温度进行采集,有温度与电压近乎线性的关系,以此来确定输出电压和相应的电流,不同的温度对应不同的电压值,因此可以通过电压电流值经过放大进入到 A/D 转换器,A/D 转换器的双积分器输出信号通过控制逻辑电路向数据锁存器发出一个锁存信号,锁存器将计数器的数据锁存并经译码驱动电路,亦即 ICL7107 芯片,驱动显示器工作,显示感应的温度数值。如图 8-28 所示。

(1) LM35 集成温度传感器

LM35 是 NS 公司生产的集成电路温度传感器系列产品之一,它具有很高的工作精度和较宽的线性工作范围,该器件输出电压与摄氏温度线性成比例。因而,从使用角度来说,LM35 与用开尔文标准的线性温度传感器相比更有优越之处,LM35 无需外部校准或微调,可以提供 $\pm 1/4$℃的常用的室温精度。

LM35 的主要参数如下。

● 工作电压:直流 4~30V;

● 工作电流:小于 $133\mu A$;

● 输出电压:$+6\sim-1.0V$;

● 输出阻抗:1mA 负载时 0.1Ω;

● 精度:0.5℃精度(在 $+25$℃时);

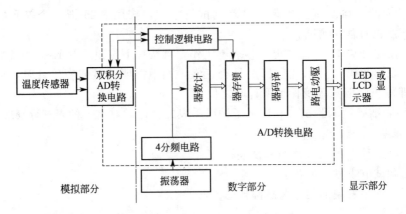

图 8-28　温度显示检测电路原理框图

- 漏泄电流：小于 $60\mu A$；
- 比例因数：线性＋10.0mV/℃；
- 非线性值：±1/4℃；
- 校准方式：直接用摄氏温度校准；
- 封装：密封 TO-46 晶体管封装或塑料 TO-92 晶体管封装；
- 使用温度范围：－55～＋150℃额定范围。
- 引脚介绍：①1—正电源 V_{CC}；②2—输出；③3—输出地/电源地。如图 8-29（a）所示。

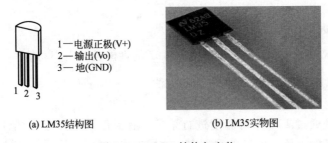

(a) LM35结构图　　　　　　　(b) LM35实物图

图 8-29　LM35 结构与实物

LM35 的工作原理：LM35 输出电压与摄氏温标呈线性关系，转换公式如式(1-1)，0 时输出为 0V，每升高 1℃，输出电压增加 10mV。外观实物图如 8-29（b）所示。在常温下，LM35 不需要额外的校准。处理即可达到 ±1/4℃的准确率。其电源供应模式有单电源与正负电源两种，其接线如图 8-30（a）、（b）所示，正负双电源的供电模式可提供负温度的量测；在静止温度中自热效应低（0.08℃），单电源模式在 25℃下静止电流约 $50\mu A$，工作电压较宽，可在 4～20V 的供电电压范围内正常工作非常省电。

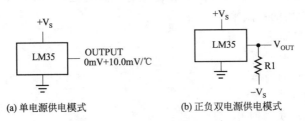

(a) 单电源供电模式　　　　　　　(b) 正负双电源供电模式

图 8-30　供电模式

典型应用：

$$U_{\text{OUT\_LM35}}(T)=10\text{mV/℃}\times T\text{℃} \tag{8-1}$$

传感器电路采用核心部件是 LM35AH，供电电压为直流 15V 时，工作电流为 120mA，功耗极低，在全温度范围工作时，电流变化很小。电压输出采用差动信号方式，由 2、3 引脚直接输出，电阻 R 为 18K 普通电阻，VD_1、VD_2 为 1N4148。传感器电路原理如图 8-31 所示。

（2）A/D 模数转换电路（ICL7107 芯片）

ICL7107 是高性能、低功耗的三位半 A/D 转换器，同时包含有七段译码器、显示驱动器、参考源和时钟系统。ICL7107 可直接驱动共阳极 LED 数码管。ICL7107 将高精度、通用性和真正的低成本很好地结合在一起，它有低于 $10\mu\text{V}$ 的自动校零功能，零漂小于 $1\mu\text{V/℃}$，低于 10pA 的输入电流，极性转换误差小于一个字。真正的差动输入和差动参考源在各种系统中都很有用。在用于测量负载单元、压力规管和其它桥式传感器时会有更突出的特点。

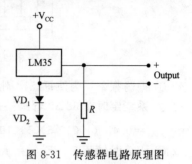

图 8-31　传感器电路原理图

ICL7107 转化器原理图如图 8-32 所示。其中计数器对反向积分过程的时钟脉冲进行计数。控制逻辑包括分频器、译码器、相位驱动器、控制器和锁存器。

驱动器是将译码器输出对应于共阳极数码管七段笔画的逻辑电平变成驱动相应笔画的方波。

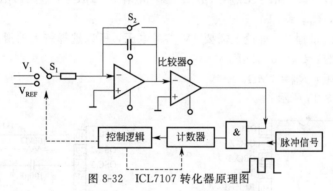

图 8-32　ICL7107 转化器原理图

控制器的作用有以下三个。

① 识别积分器的工作状态，适时发出控制信号，使各模拟开关接通或断开，A/D 转换器能循环进行。

② 识别输入电压极性，控制 LED 数码管的负号显示。

③ 当输入电压超量限时发出溢出信号，使千位显示"1"，其余码全部熄灭。

锁存器用来存放 A/D 转换的结果，锁存器的输出经译码器后驱动 LED 。它的每个测量周期自动调零（AZ）、信号积分（INT）和反向积分（DE）三个阶段。

双积分型 A/D 转换器的电压波形图如图 8-33 所示。

ICL7107AD 转换器的管脚排列及其各管脚功能如图 8-34 所示。

ICL7107 是集 A/D 转换和译码器为一体的芯片，而且该芯片能够驱动三个数码管工作而不需要更多的译码器，这给我们连接电路或者分析电路提供了一定的方便。ICL7107 芯片的管脚比较多，每一个管脚所代表的功能也各不相同，能够组成各种电路，比如说有积分电路。这要求我们在接电路时要小心，不能出现错误。

ICL7107 外围电路元件参数计算：

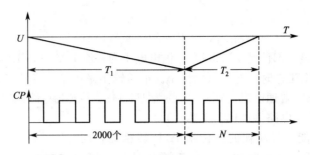

图 8-33 双积分型 A/D 转换器的电压波形图

① 振荡频率：为使每三次刷新读数取 $f_{osc} = 0.45/RC = 48\text{kHz}$；

② 系统定时在 38-39 管脚接一个 RC 振荡电路，取 $R = 100\text{k}\Omega$，$C = 100\text{pF}$

$$f_{osc} = 0.45/(1 \times 10^5 \times 1 \times 10^{-10}) = 45\text{kHz} \approx 48\text{kHz}；$$

③ 积分时钟频率：$F_{clock} = f_{osc}/4 = 12\text{kHz}$；

④ 积分周期：$T_{int} = 1000 \times (4/f_{osc}) \approx 0.083\text{s}$；

⑤ 最佳积分电流：$I_{int} = 4\mu\text{A}$；

⑥ 积分电阻：$R_{int} = V_{infs}/I_{int} = 2/(4 \times (10^{-6})) = 50\text{k}\Omega \approx 47\text{k}\Omega$；

⑦ 积分电容：$C_{int} = (T_{int})(I_{int})/V_{int}$ 标称值为 $0.22\mu\text{F}$；

⑧ 自动校零电容 $0.01\mu\text{F} < C_{AZ} < 1\mu\text{F}$ ；参考电容 $0.01\mu\text{F} < C_{REF} < 1\mu\text{F}$

$C_{az} = 0.047\mu\text{F}$，$C_{ref} = 0.1\mu\text{F}$；

⑨参考电压：满量程 2V 理论上需要 1V 参考电压，所以选择较大的滑动变阻器 $25\text{k}\Omega$；

⑩输入滤波电容：$C_{in} = 0.01\mu\text{F}$；

⑪限流分压电阻：$R_{in} = 1\text{M}\Omega$。

典型应用如图 8-35 所示。

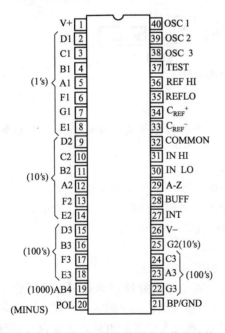

图 8-34 ICL7107 管脚排列及各管脚功能

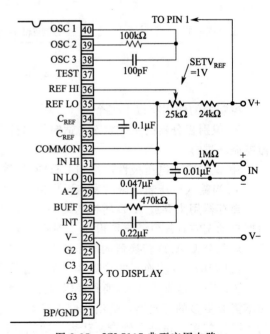

图 8-35 ICL7107 典型应用电路

（注：满量程 2V）

（3）小功率极性反转电源转换器 ICL7660

ICL7660 是 Maxim 公司生产的小功率极性反转电源转换器。该集成电路与 TC7662ACPA MAX1044 的内部电路及引脚功能完全一致，可以直接替换。

①特性。ICL7660 的静态电流典型值为 $170\mu A$，输入电压范围为 $1.5\sim10V$（Intersil 公司 ICL7660A 输入电压范围为 $1.5\sim12V$）工作频率为 10 kHz 只需外接 10 kHz 的小体积电容，只需外接 $10\mu F$ 的小体积电容效率高达 98％合输出功率可达 700mW（以 DIP 封装为例），符合输出 100mA 的要求。

②内部电路与引脚功能。ICL7660 提供 DIP、SO，μMAX TO-99 等封装形式。如图 8-36 所示。

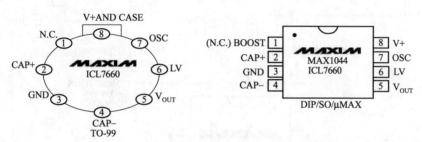

图 8-36 ICL7660 引脚图

典型应用：ICL7660 主要应用在需要从＋5V 逻辑电源产生－5V 电源的设备中，如数据采集、手持式仪表（PDA、掌上电脑）、运算放大器电源、便携式电话等。ICL7660 有两种工作模式：转换器、分压器。作为转换器时，该器件可将 $1.5\sim10V$ 范围内的输入电压转换为相应的负电压；在分压模式下工作时，它将输入电压一分为二。ICL7660 作为分压器时的应用电路如图 8-37 所示。

（4）集成稳压电路 LM317

LM317 是美国国家半导体公司的三端可调正稳压器集成电路。LM117/LM317 的输出电压范围是 $1.2\sim37V$，负载电流最大为 1.5A。它的使用非常简单，仅需两个外接电阻来设置输出电压。此外它的线性调整率和负载调整率也比标准的固定稳压器好。LM117/LM317 内置有过载保护、安全区保护等多种保护电路。通常 LM117/LM317 不需要外接电容，除非输入滤波电容到 LM117/LM317 输入端的连线超过 6in（约 15cm）。使用输出电容能改变瞬态响应。调整端使用滤波电容能得到比标准三端稳压器高得多的纹波抑制比。LM117/LM317 能够有许多特殊的用法。比如把调整端悬浮到一个较高的电压上，可以用来调节高达数百伏的电压，只要输入输出压差不超过 LM117/LM317 的极限就行。当然还要避免输出端短路。还可以把调整端接到一个可编程电压上，实现可编程的电源输出。

特性简介：可调整输出电压低到 1.2V；保证 1.5A 输出电流；典型线性调整率 0.01％；典型负载调整率 0.1％；80dB 纹波抑制比；输出短路保护；过流、过热保护；调整管安全工作区保护；标准三端晶体管封装。

电压范围：LM117/LM317 $1.25\sim37V$ 连续可调。

管脚介绍：如图 8-38 所示。

典型应用：如图 8-39 所示。

（5）数码管显示

数码管可以分为共阳极与共阴极两种，共阴极是把所有 LED 的阳极连接到共同接点 com，而每一 LED 的阳极分别为 a，b，c，d，e，f，g 及 sp（小数点），它的外形图和内部结构图如图 8-40 所示。

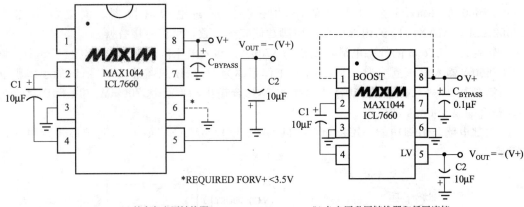

(a) 基本负电压转换器

(b) 负电压升压转换器和低压连接

(c) 负电压转换器,增强型

图 8-37　ICL7660 作为分压器时的应用电路

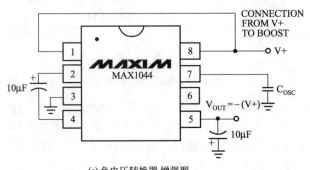

图 8-38　LM317 实物图

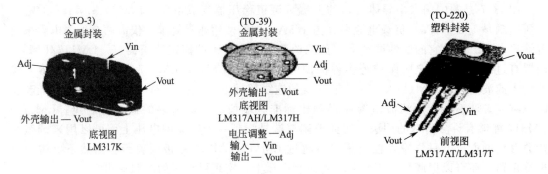

图 8-39　LM317 应用电路

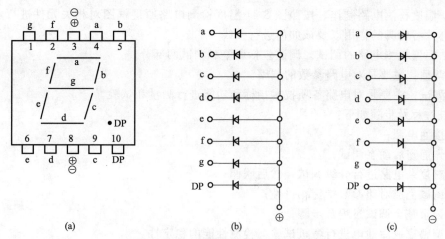

图 8-40　LED 数码管外形图和内部结构

在本次设计中，由于 ICL7107 的特点，它只能驱动共阳极数码管，故我们要选用共阳极七段数码管。在连接数码管时，要注意数码管各个管脚所对应的字母，不能接错或接漏，而且在管脚之前要接上电阻，以免烧坏芯片和数码管。

（6）温度检测电路的组成如图 8-41 所示。

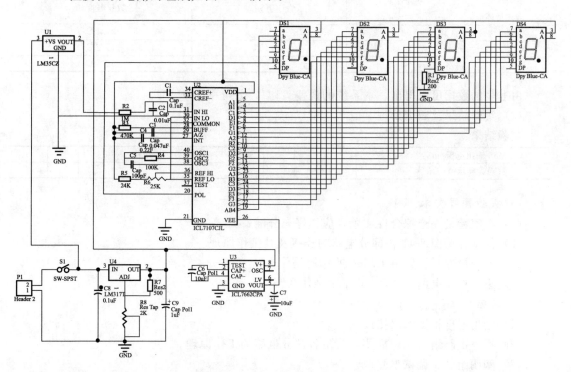

图 8-41　温度检测电路的原理框图

3）实验设备及器件

①±5V 直流电源；　　　　　　　　　②双踪示波器；

③带温度计的数字万用表；　　　　　④按线路图 8-41 要求自拟元器件清单。

4）实验内容

温度检测电路的制作与调试如下：

（1）温度检测电路制作。按照图 8-41 温度检测电路原理框图对相关元件进行焊接，其中注意芯片各管脚的作用以及该如何进行接线。

（2）温度检测电路的调试。调试包括调整和测试两部分。

① 调整：主要是对电路参数的调整。

② 测试：主要是对电路各项技术指标和功能进行测量和试验。

调试过程及步骤如下：

① 接通电源；

② 先静态后动态调试；

③ 对复杂电路进行分级调试，然后联调；

④ 调试完成对照参数指标相符性；

⑤ 记录整个调试过程及步骤；

⑥ 调整完成后通电进行考机试验，检测性能的稳定性。

为了验证设计电路的正确性以及它的实验数据，我们对实物进行验证。用带有温度测量的数字万用表和本次设计的电路对相同温度下物体进行相应的测量并绘成表格进行比较。如表 8-4。

表 8-4　万用表与设计电路数据的比较

测量工具 测量环境	数字万用表	数显温度计
室温	21.0℃	21.1℃
冷水袋	15.1℃	15.2℃
温水袋	52.0℃	52.1℃

由上表的数据可以得出，本系统的误差<1℃，分辨率为 0.1℃。

（3）实验结果及数据处理

实验结果：

LM35 输出电压/mV								
数码管显示值/℃								

5）实验预习要求

（1）本实验是一个综合性实验，应作好充分准备。

（2）仔细分析图 8-41 各部分电路的连接及其工作原理。

（3）电源极性反转器 ICL7660 的作用是什么？

（4）集成稳压电路 LM317 的作用是什么？

6）实验报告

（1）绘出温度检测电路接线图。

（2）根据电路组成原理框图，写出各部分电路的工作原理。

（3）阐明组装、调试步骤。

（4）实训总结，故障分析，说明调试过程中遇到的问题和解决的方法。

（5）组装、调试温度检测电路的心得体会。

附　　录

附录A　常用集成电路芯片引脚排列图

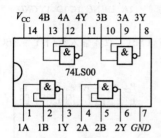

74LS00（CD4069）四 2 输入与非门 $Y=\overline{AB}$

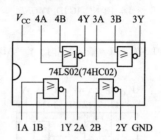

74LS02（74HC02）四 2 输入或非门 $Y=\overline{A+B}$

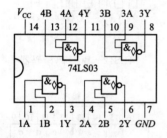

74LS03 集电极开路输出的四 2 输入与非门 $Y=\overline{AB}$

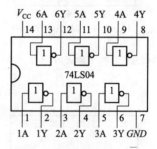

74LS04 六反相器 $Y=\overline{A}$

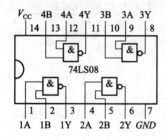

74LS08　四 2 输入与门 $Y=AB$

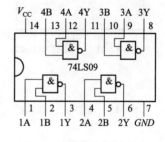

74LS09　四 2 输入与门 $Y=AB$

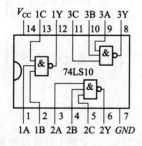

74LS10　三 3 输入与非门 $Y=\overline{ABC}$

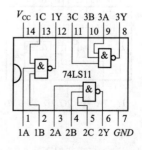

74LS11　三 3 输入与门 $Y=ABC$

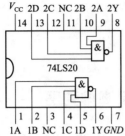

74LS20　双 4 输入与非门 Y＝$\overline{ABCD}$

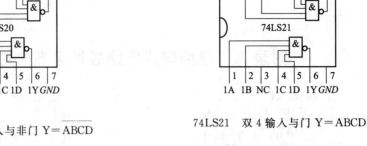

74LS21　双 4 输入与门 Y＝ABCD

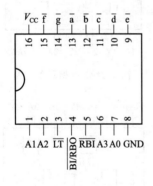

74LS32　四 2 输入或门 Y＝A＋B

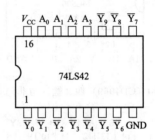

74LS42　BCD 码译码器

74LS47　BCD-七段译码器

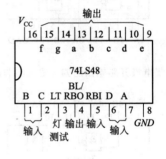

74LS48　BCD-七段译码器

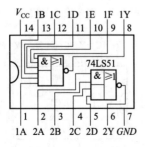

74LS51　与或非门 Y＝$\overline{AB＋CD}$

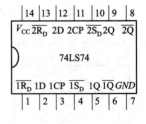

74LS74　双 D 型上升边沿触发器

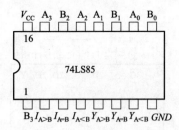

74LS85　四位二进制比较器

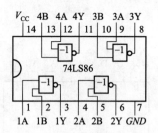

74LS86　四2输入异或门 $Y = A \oplus B$

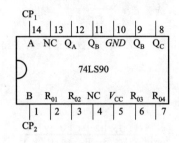

74LS90　十进制计数器（2、5分频）

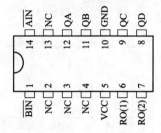

4LS92　十二分频计数器（2、6分频）

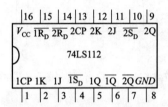

74LS112　双J-K负边沿触发器（带预置和清除端）

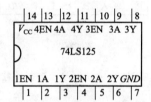

74LS125　三态输出的四总线缓冲门

74LS138　3-8线译码器/分配器

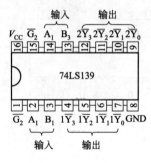

74LS139　双2-4线译码器/分配器

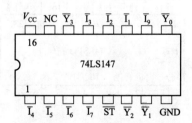

74LS147　8421优先编码器

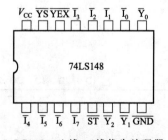

74LS148　八线-三线优先编码器

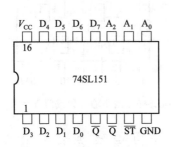

74LS151　八选一数据选择器

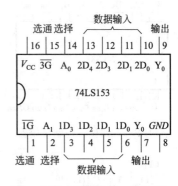

74LS153　双四选一线数据选择器/多路开关

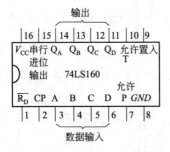

74LS160　4 位同步十进制计数器

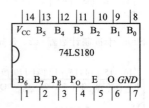

74LS180　9 位奇/偶校验器/发生器

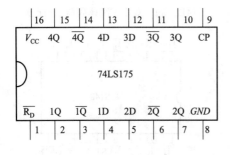

输入				输出			
$\overline{R_D}$	CP	A	B	Q_A	Q_B	$\cdots$	Q_H
0	×	×	×	0	0		0
1	0	×	×	Q_{AO}	Q_{BO}		Q_{HO}
1	↑	1	1	1	Q_{AO}		Q_{GO}
1	↑	0	×	0	Q_{AO}		Q_{GO}
1	↑	×	0	0	Q_{AO}		Q_{GO}

74LS164　串行输入/并行输出的 8 位单向移位寄存器

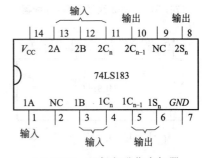

74LS175　四 D 型触发器

74LS183　双保留进位全加器

74LS192　同步双时钟加/减计数器

74LS194　4 位双向通用移位寄存器

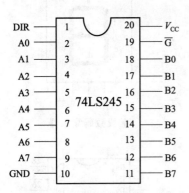

74LS245　双向三态数据缓冲器

74LS283　四位全加器

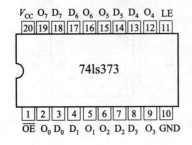

74LS373　三态输出的八 D 锁存器

D_n	LE	$\overline{OE}$	O_n
H	H	L	H
L	H	L	L
X	L	L	锁存
X	X	H	高阻态

74LS374　三态输出的八 D 触发器

D_n	LE	$\overline{OE}$	O_n
H	⌐	L	H
L	⌐	L	L
X	X	H	Z*

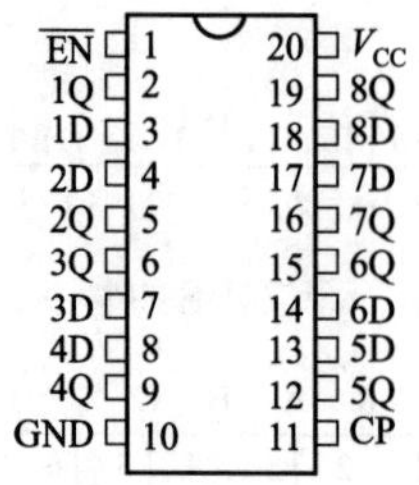

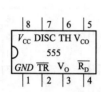

74HC574 数据锁存器

输入			输出
$\overline{EN}$	CP	D	
L	↑	H	H
L	↑	L	L
L	L	X	Q_0
H	X	X	Z

555 时基电路

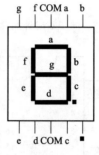

七段数码显示器

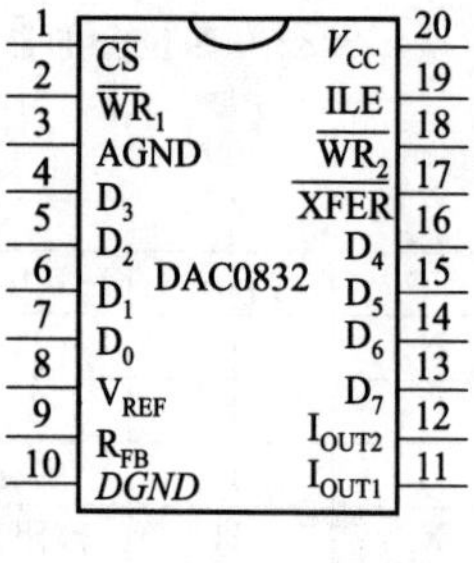

DAC0832 八位数/模转换器

ADC0809　八位 8 通道逐次逼近型模/数转换器

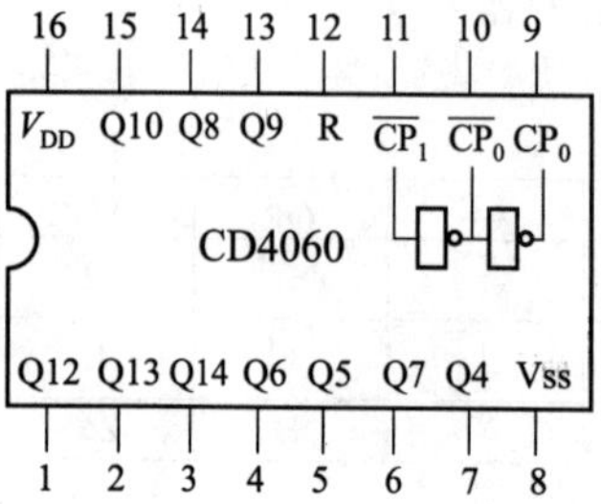

$\overline{CP_1}$	CP_0	$\overline{CP_0}$	R	功能
↓	↓	↑	0	计数
φ	0	1	1	复位

CD4060　14 位二进制串行计数器

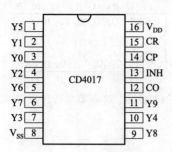

输入			输出	
CP	CR	INH	Q0~Q9	CO
X	X	H	Q0	计数脉冲
↑	L	L	计数	为 Q0~Q4
H	↓	L		时：CO＝H
L	X	L		计数脉冲
X	H	L	保持	为 Q5~Q9
↓	X	L		时：CO＝L
X	↑	L		

CD4017　为将二进制转换为十进制计数/分频器

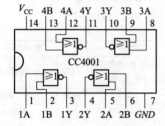

CC4001　四 2 输入或非门 $Y=\overline{A+B}$

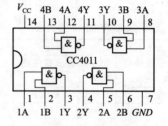

CC4011　四 2 输入与非门 $Y=\overline{AB}$

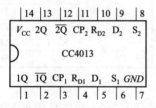

CC4013　双 D 型触发器

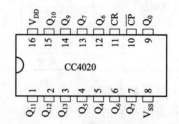

CC4020　14 位二进制串行计数器

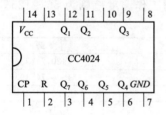

CC4024　7 位二进制串行计数/分频器

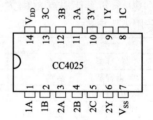

CC4025　三输入或非门

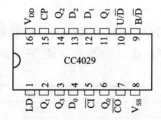

CC4029　四位二进制/十进制加减计数器

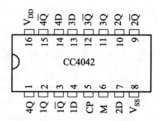

CC4042　四 D 锁存器

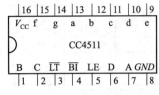

CC4511 BCD-七段锁存/译码/驱动

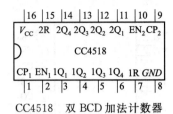

CC4518 双 BCD 加法计数器

附录 B　TTL 系列与 CMOS 系列器件

（1）国产集成电路命名方法

第0部分		第一部分		第二部分	第三部分		第四部分	
用字母表示器件符合国家标准		用字母表示器件的类型		用阿拉伯数字表示器件的系列和品种代号	用字母表示器件的工作温度范围		用字母表示器件的封装	
符号	意义	符号	意义		符号	意义	符号	意义
C	中国制造	T	TTL		C	0～70℃	W	陶瓷扁平
		H	HTL		E	−40～85℃	B	塑料扁平
		E	ECL		R	−55～85℃	F	全封闭扁平
		C	CMOS		M	−55～125℃	D	陶瓷直插
		F	线性放大器				P	塑料直插
		D	音响、电视电路		......	......	J	黑陶瓷直插
		W	稳压器				K	金属菱形
		J	接口电路				T	金属圆形

（2）TTL 器件分类

TTL 集成电路的主要形式为晶体管-晶体管逻辑门，5400/7400 系列是国外最流行的通用器件。7400 系列器件为民用品，而 5400 系列器件为军用品。两者之间的差别仅在于温度范围，即 7400 系列工作温度范围为 0～70℃，5400 系列工作温度范围为 55～125℃。TTL 大部分都采用 5V 电源。

种类	字头	举例
标准型	74—	7420,74193
肖特基	74S—	74S20,74S193
低功耗肖特基	74LS—	74LS20,74LS193
先进肖特基	74AS	74AS20
先进低功耗肖特基	74ALS	74ALS20
快递	74F	74F20,74F193

（3）常用 TTL 器件接受

74 系列可以说是我们平时接触的最多的芯片，74 系列中分为很多种，而我们平时用得最多的应该是以下几种：74LS，74HC，74HCT 这三种，这三种系列在电平方面得区别如下：

74 系列	输入电平	输出电平
74LS	TTL 电平	TTL 电平
74HC	CMOS 电平	CMOS 电平
74HCT	TTL 电平	CMOS 电平

（4）CMOS 集成电路

CMOS 是金属氧化物半导体集成电路的简称。我国最常用的 CMOS 逻辑电路为 CC4000 系列，其中作电压范围为 3～18V。CC4000 系列与 CD4000 系列的区别：国产 CMOS 集成电路主要为 CC（CH）4000 系列，其功能和外引线排列与国际 CD4000 系列相对应。CC4000 系列与国际标准相同，只要后四位数字相同，均为相同功能，相同特性的器件。

4000 系列（前缀为 MC 的产品，则标为 MC14000），4000 系列为互补场效应管系列；54/74HC，54/74HCT，54/74AHC，54/74AHCT 及 54/74HCU 系列为高速 CMOS 电路。

以上各系列（不论 TTL 器件或 CMOS 器件），其型号左边都有字母串以代表该产品是哪个公司的产品，例如，SN7420 中的 SN 代表美国德克萨斯公司的产品。

（5）4000 系列集成电路速查表（表 B-1）

表 B-1　4000 系列集成电路速查表

型号	性能说明	型号	性能说明
CD4000	3 输入双或非门 1 反相器	CD4028	BCD-十进制译码器
CD4001	四 2 输入或非门	CD4029	可预制加/减(十/二进制)计数器
CD4002	双 4 输入或非门	CD4030	四异或门
CD4006	18 级静态移位寄存器	CD4031	64 级静态移位寄存器
CD4007	双互补对加反相器	CD4032	3 位正逻辑串行加法器
CD4008	4 位二进制并行进位全加器	CD4033	十进制计数器/消隐 7 段显示
CD4009	六缓冲器/转换器(反相)	CD4034	8 位双向并、串入/并出寄存器
CD4010	六缓冲器/转换器(同相)	CD4035	4 位并入/并出移位寄存器
CD4011	四 2 输入与非门	CD4040	12 级二进制计数/分频器
CD40110	十进制加减计数/译码/锁存/驱动	CD4041	四原码/补码缓冲器
CD40117	10 线-4 线 BCD 优先编码器	CD4042	四时钟控制 D 锁存器
CD4012	双 4 输入与非门	CD4043	四三态或非 R/S 锁存器
CD4013	带置位/复位的双 D 触发器	CD4044	四三态与非 R/S 锁存器
CD4014	8 级同步并入串入/串出移位寄存器	CD4045	21 位计数器
CD40147	10 线-4 线 BCD 优先编码器	CD4046	PLL 锁相环电路
CD4015	双 4 位串入/并出移位寄存器	CD4047	单稳态、无稳态多谐振荡器
CD4016	四双向开关	CD4048	8 输入端多功能可扩展三态门
CD40160	非同步复位可预置 BCD 计数器	CD4049	六反相缓冲器/转换器
CD40161	非同步复位可预置二进制计数器	CD4050	六同相缓冲器/转换器
CD40162	同步复位可预置 BCD 计数器	CD4051	8 选 1 双向模拟开关
CD40163	同步复位可预置二进制计数器	CD4052	双 4 选 1 双向模拟开关
CD4017	十进制计数器/分频器	CD4053	三 2 选 1 双向模拟开关
CD40174	六 D 触发器	CD4054	四位液晶显示驱动器
CD40175	四 D 触发器	CD4055	BCD-7 段译码/液晶显示驱动器
CD4018	可预置 1/N 计数器	CD4056	BCD-7 段译码/驱动器
CD4019	四与或选译门	CD4060	14 级二进制计数/分频/振荡器
CD40192	可预制四位 BCD 计数器	CD4063	四位数字比较器
CD40193	可预制四位二进制计数器	CD4066	四双向模拟开关
CD40194	4 位双向并行存取通用移位寄存器	CD4067	单 16 通道模拟开关
CD4020	14 级二进制串行计数/分频器	CD4068	8 输入端与非门
CD4021	异步 8 位并入同步串入/串出寄存器	CD4069	六反相器
CD4022	八进制计数器/分频器	CD4070	四异或门
CD4023	三 3 输入与非门	CD4071	四 2 输入端或门
CD4024	7 级二进制计数器	CD4072	4 输入端双或门
CD4025	三 3 输入或非门	CD4073	3 输入端 3 与门
CD4026	7 段显示十进制计数/分频器	CD4075	3 输入端三或门
CD4027	带置位复位双 J-K 主从触发器	CD4076	4 位三态输出 D 寄存器
CD4078	8 输入端或非门	CD4093	四 2 输入端施密特触发器
CD4081	四 2 输入端与门	CD4094	8 级移位存储总线寄存器
CD4082	4 输入端双与门	CD4095	选通 J-K 同相输入主从触发器
CD4085	双 2×2 与或非门	CD4096	选通 J-K 反相输入主从触发器
CD4086	2 输入端可扩展四与或非门		

参考文献

［1］ 贺力克，邱丽芳．数字电子技术项目教程．北京：机械工业出版社，2012.
［2］ 朱祥贤．数字电子技术项目教程．北京：机械工业出版社，2010.
［3］ 孙琳．数字电子技术项目教程．上海：上海交通大学出版社，2010.
［4］ 清华大学电子学教研组编．数字电子技术基础．第4版．北京：高等教育出版社，1998.
［5］ 王成安，毕秀梅．数字电子技术及应用．北京：机械工业出版社，2009.
［6］ 刘守义．数字电子技术．第2版．西安：西安电子科技大学出版社，2007.
［7］ 余孟尝．数字电子技术基础简明教程．第4版．北京：高等教育出版社，2006.
［8］ 唐红．数字电子技术实训教程．北京：化学工业出版社，2010.
［9］ 袁小平．数字电子技术实训教程．北京：机械工业出版社，2012.
［10］ 侯继红，李向东．EDA实用技术教程．北京：中国电力出版社，2002.
［11］ 李洋．EDA技术实用教程．第2版．北京：机械工业出版社，2009.
［12］ 王振红．VHDL数字电路设计与应用实践教程．第2版．北京：机械工业出版社，2007.
［13］ 王志鹏，付丽琴．可编程逻辑器件开发技术 MAX＋plusⅡ．北京：国防工业出版社，2005.
［14］ 刘畅生，于臻．通用数字集成电路简明速查手册．北京：人民邮电出版社，2011.
［15］ 崔忠勤．中外集成电路简明速查手册．北京：电子工业出版社，1999.
［16］ 电子工程手册编委会．中外集成电路简明速查手册 TTL、CMOS电路．北京：电子工业出版社，1991.